内心淡然，谁都伤不到你

墨 非◎著

中国华侨出版社
·北京·

图书在版编目（CIP）数据

内心淡然，谁都伤不到你 / 墨非著. — 北京：中
国华侨出版社，2020.6
ISBN 978-7-5113-8193-4

Ⅰ. ①内… Ⅱ. ①墨… Ⅲ. ①人生哲学—通俗读物
Ⅳ. ①B821—49

中国版本图书馆 CIP 数据核字（2020）第 067369 号

● 内心淡然，谁都伤不到你

著　者 / 墨　非
责任编辑 / 姜薇薇　桑梦娟
责任校对 / 孙　丽
封面设计 / 环球设计
经　销 / 新华书店
开　本 / 670 毫米×960 毫米 1/16　印张 /16　字数 /180 千字
印　刷 / 香河利华文化发展有限公司
版　次 / 2020 年 9 月第 1 版　2020 年 9 月第 1 次印刷
书　号 / ISBN 978-7-5113-8193-4
定　价 / 45.00 元

中国华侨出版社　北京市朝阳区西坝河东里 77 号楼底商 5 号　邮编：100028
法律顾问：陈鹰律师事务所　　　编辑部：(010) 64443056　64443979
发行部：(010) 64443051　　　　传　真：(010) 64439708
网　址：www.oveaschin.com　　E-mail：oveaschin@sina.com

前言

　　世界上有两种截然不同的人。一种人是缺乏自信，总被外界的环境支配，被外界的人与事牵着鼻子走，别人的评价会影响其情绪，经不起外界哪怕一点点质疑。他们不是一个独立的个体，从不敢做最真实的自己，总活在别人的阴影里，总因周围的人或事而耿耿于怀或惴惴不安，总爱沉浸于各种负面情绪中无法自拔。这样的人与其说是内心不够强大，不如说是活得不够淡然。

　　另一种人则恰恰相反，他们目光远大，心胸开阔，敢于做自己，胜不骄败不馁，他们能够守住内心的欲望、情绪、信念、原则，不轻易因周围的人或事而影响心情，更不会对他人的质疑耿耿于怀。他们无须依赖外界对自己的评判来证明自己。他们可以战胜生活中的一切恐惧与负面情绪，他们了解自己，能与自己内心的不愉快握手言和、和谐相处，因此，谁都无法真正伤到他们，更无法打倒他们。他们的内心是淡然的，是看透一切世事后的彻悟，是富有智慧的。所以，他们很容易出成绩并有所成就。

　　不可否认，一个内心淡然的人，是无所畏惧的。面对生活，他们总能泰然处之、宠辱不惊，无论外界有多少诱惑或挫折，他们始终心无旁鹜，固守着内心的那份坚定，坚持自己的原则，不轻易被人或物所撼动。他们的内心是自信、豁达、愉悦和进取的，并且，他们能够规避一切的自私、猜疑、沮丧、消沉等负能量。面对生活中的不如意，他们从不气馁，因为他们是一个完全独立的个体，不依附、不妄求、不攀比、不炫耀。他们有深厚的内在知识底蕴做支撑，在生活中，他们不会去计较个人的得与失，也不会在乎他人的误解与世俗偏见和评价。这样的人，对自己与周围的人和世界都有极为强大的信念，这种信念能让他坚持自我原则，与世间万物和谐相处。

内心淡然的人，是富有智慧的、真正的强者。他们有开放的意识与开放的心态，对于任何不同的声音，他们都能够认真听进去，然后能用自己的逻辑、常识、常理、直觉、经验及科学的方法去检验。对于他人冒犯性的行为和话语，他们不会轻易发怒，而是会理智且和谐地解决与他人的冲突和矛盾。这样的人，不会轻易被周围的人与事所伤害。

本书是一本温暖实用的心理类书籍。书中的内容深入浅出，为读者打开了一扇重新认识自己并与周围的人、事和谐相处的窗户，结合实例教会读者去激发自身的潜能，引爆内在的强大力量。

目 录

第一章

所有能伤害到你的人和事，
都是因为你过分在意

　　一个人会难过，是因为受到了伤害；一个人受到了伤害，是因为过分在乎。的确，世界上的任何人与事本身都是无害的，能让你受到伤害的只是你的内心。比如，一个人对你的态度，这件事本身是中性的，但因为你内心过于在意这件事或这个人，那么伤害便来了。世上没有人与事能够伤害到你，除非你自己愿意。所以，要避免受伤害，你就要学会淡然，以淡然的心境去面对一切。要明白，因过分在意而想得太多，纵然你被伤害得体无完肤，肝肠寸断，伤心欲绝，都是你自己的感受，别人无法感同身受，你不自救、不够淡然，没人能消除你的痛苦。

内心的真正强大，在于对事与物的淡然

孔子曾与弟子谈及这世间的制胜之勇，他说："知穷之有命，知通之有时，临大难而不惧者，为圣人之勇也。"在孔子看来，一个人的战无不胜取决于他的内心，而内心的强大则源于他在深知天命的奥义后，能养成愿等待时运的耐性，并最终去修得心静如水的淡然。也就是说，一个人内心的真正强大，在于对事与物的淡然。

实际上，真正的淡然与从容，应该是身经磨砺之后的坦荡，是千锤百炼后的大彻大悟。这种"泰山崩于前而面不改色"的气度，不是对生命无动于衷的消极避世，而是来自无所不知的彻悟。那份从容不是来自外在环境的丰饶，而是来自内心世界的强大。

青樱是一个活得非常淡定的女人，无论遇到多么糟糕的事情，如孩子考试不及格、老公没本事、自己挨领导批了，她每天都坚持快乐地生活。每天的晨跑、早上升起的太阳、凉爽的晨风，在她眼里都是快乐的。

有朋友问青樱："你为什么总是那么淡定？一整天都乐呵呵的？"

青樱轻轻一笑，回答道："事情已经这样了，着急、紧张、郁闷……有什么用处呢？何况，孩子乖巧懂事，丈夫对我很好，我又没有下岗，为什么不快乐一点啊？快乐是一天，不快乐也是一天，当然要快乐，我们要享受生活嘛。"

淡然的心境能将生活中的一切不如意轻松转化为乐观、积极，这就是内心足够强大的标志。那种对一切世事看透后的了然心境，遇事不悲不喜、不惊不忧的生活哲学，可以预防世事的任何伤害。

实际上，对事与物的淡然不仅是内心强大的表现，更是一种生活智慧，它主要表现为：

一、不被外界的穷困环境干扰。在一些极为偏远的山区，没有便捷的交通，没有完善的医疗，没有富足的生活，但那里的人依旧能幸福地享受阳光的照耀。正如王尔德所说："我不想谋生，我想生活。"他们从不屈服于生活的压力，始终能体会到生活的快乐。

二、将病痛与死亡看作一件自然现象。史铁生的大半生都在轮椅上度过，最后病痛早早地夺去了他的生命。然而在他的笔下，丝毫没有颓唐和戾气，没有尖刻和敌意，没有愤懑和不平。他说："死是一件不必急于求成的事，死是一个必然会降临的节日。"在他的文字中，我们感受到一种对病痛和死亡的超脱与对生活的感恩。不可否认，他是幸福的。正如杨绛先生所说，人多了不起，天堂就在人的心里。幸福就飘扬在这天堂里，无声地流转；黑暗无法靠近，外物更无法触及。

三、不为生活的重压所动。面对生活异常激烈的竞争，我们每天都要做大量的工作，在生活的重压下感到焦灼，就像古希腊神话中的西西弗斯。他被众神惩罚，每天都要将巨石推到山顶。可是每当他推着巨石到达山顶时，巨石就会重新滚下山去。西西弗斯每天都重复做着这件索然无味的事情，可加缪却认为西西弗斯无声的全部快乐就在于此：他的命运是属于他的。很多时候，我们也会感到自己的生活犹如在推巨石一般艰难，但如果我们能将这种重压看成对生命的鼓舞，我们便能获得更多的恬静和满足。

由此可见，你若内心淡然、恬静，那么，外在的人与事是无法干扰到你的，更无法伤到你。

淡然即：只管"尽人事"，"天命"自会成全你

内心的强大，归根结底就是敢于直面现实，能做到遇事全力以赴，但又因识得天命而有所节制。《论语·尧曰》一章有言："不知命，无以为君子也。"在这里，孔子所说的"命"，亦指看透世事与人生无常后大彻大悟的淡然。无论是主张出世的道家抑或是强调入世的儒家，都不约而同地将其奉为至高绝学。孔子常言"五十而知天命"，意为年及半百，尝遍世间苦楚悲欢后，知道有所为有所不为，同时劝诫众人知天命而行事，不可逆天强求。

一位年轻人，在遭遇家庭的重大变故后，下决心改变命运。他从一家公司的最基层做起，在此过程中付出了比常人多得多的努力，同时还在空闲时兼职当快递员、搬家工人。三年之后，他毅然帮助家里还清债务，并在当年也受到公司领导的赏识，当他升迁为店长的时候，喜极而泣，因为他终于扭转了自己的命运。

不可否认，这位年轻人便是做到了尽人事，而"天命"也顺势成全他应得的，因此改变自己的命运。这告诫我们，你所要追求的一切，都不必刻意去求，不必苦思苦想。随缘而安，竭尽全力地做好当下的事情，过好每一个今天的每一时刻，"天命"自会顺势成全你应得的。

《中庸》中有"君子属易以俟命，小人行险以侥幸"。说的就是能成大事的君子，大都选择安心地处于平易的地位，等候天命的到来；而小人却是冒险去妄求非分的利益，最后一无所获。人面对困境之所以会有畏惧之心，主要在于仍旧有所奢求，同时亦害怕失去，

而孔子为众人开出的治心良方就在于学会"尽人事知天命"。用今天的话来说，即要努力作为，但不要太过企求结果，虽发愤忘食，但将荣辱看淡，以这样的心态去做事，"天命"自会成全你应得的。相反，如果你总是妄求结果，将"结果"看得太重，总带着功利心去做事，往往会适得其反。

从前，有一个特别优秀的弓箭手，他射出的箭百发百中，从来没有失手过。为此，人们争相传颂他的高超射技，对他也十分敬佩。后来，他的美名也传到了国王的耳朵里。国王就命人将他请到宫中来表演，并对他说："今天请你来是想请你展示一下你精湛的射技，如果你射中了远处的那个目标，就赐给你万两黄金，如果射不中，就发配你到边疆充军去。"

这位弓箭手听了国王的话，一言不发，神色变得激动起来。他取出一支箭搭上弓弦，但是心中只是想着能否射中，这可关系着自己的命运呀！当开始发箭的那一刻，一向镇定的他呼吸变得急促起来，拉弓的手也开始抖动，最终箭落在离靶心一尺远的地方。

旁边的一位大臣叹道："看来一个人只有真正地将得失置之度外，才能成为真正的神箭手呀！"

弓箭手之所以没能发挥他真正的射箭水平，就是因为他太在乎自己的得失，内心有太多的顾虑，使自己的心灵背上了沉重的包袱，最终也只能以失败告终。

其实，在现实生活中，人们都会犯与弓箭手同样的错误。在生活的道路上，我们都可能面临各种各样痛苦的选择，就如同掉进深泥潭里一样，当遇到高成本的机会时，每个人都常常无法迅速做出选择，因为他们都不愿意轻易地放弃可能得到的东西。这时，我们要学会将"结果"看淡，调整好心态，只管"尽人事"，其他的就交给老天，如此你可能会收获自己想得到的。

除了你自己，没有人能使你不快乐

生活中，很多人认为自己的不快乐都是外界或别人造成的，比如与人争吵后愤怒、气不打一处来，觉得自己的不良情绪完全是对方带来的。工作中遇到不公平，感到气愤难耐，觉得这是公司不健全的制度或环境造成的。孩子不听话，你为此感到郁郁不快，觉得这是孩子带给你的……其实，以上你的所有不快，都是自己内心发生的事。你若不对外界的一切置之一旁，不过分在意，它们就不会作用于你的内心。也就是说，这个世界上，除了你自己，没有人能够使你不快乐，你所有的负面情绪，都只与自己有关，与外界的一切都毫无关系。

艾布尔是一家保险公司的业务员，事业上春风得意的他，对自己的婚姻却十分不满。尤其是近一年多的时间里，艾布尔感到妻子艾伦脾气越来越恶劣，而且一天比一天不性感；不只对他表现出冷淡的态度，而且对他们的儿子也漠不关心。艾布尔看她每天都郁郁寡欢的，建议她去看心理医生，却遭到了她的拒绝。她坚持只要丈夫艾布尔能对她好一点儿，满足她的各种需求，她就不会这么沮丧和愤怒。事实上，艾布尔对她已经做得够多，但妻子似乎对他还不满意。他决定不再忍受妻子的蛮横，并且坚持认为妻子是家庭不和谐的根源之一，并要求与妻子离婚！

是谁导致了艾布尔婚姻的不幸？是他的妻子吗？显然不只是。

在情绪产生的问题上，虽然外因很多时候是不良情绪的诱发者，但心理学不这么认为。无论别人的态度与行为如何，自己的情绪，皆因自己而起，自己才是自身情绪与不幸的根源。从艾布尔的事例上来说，妻子的确要为他的愤怒、沮丧负责任，但他不能将问题的根要归咎于她。身为丈夫，他不能要求对方一定要按照自己的意愿去行事，对方有权支配自己的情绪。如果艾布尔这样去分析问题，便会说服自己放弃愤怒与沮丧，在心平气和的状态下积极寻求解决问题的途径。

自身情绪障碍是由自身的思维、信念所引起的，没有人能使你不快乐，除非你自己愿意。所以，自己才是自身情绪的制造者。但与此同时，自己也是自身情绪的主宰者，你具有调节自身情绪、避免陷入不必要的情绪困扰、掌控与运用自身情绪的能力，这种能力叫作情商。一个高情商者，可以清楚地体察到自己的情绪，并懂得适时控制或调节，同时也能体察到他人的情绪，进而采取相应的应对方式，从而与他们维持良好的人际关系。这样的人，是自我的主人，能主宰和支配自己的情绪，不会随意因外在的事与物而情绪失控。

一天，老子经过一个村庄，村庄里突然跑出来一群人想让他留下来。老子说："谢谢你们的邀请，不过我已与对面村庄的人约好了，他们现在正在等我，我现在必须赶过去。不过，等明天回来后我会到此地来拜访的。"

见老子不领情，人群中突然出来几个小人，口吐污秽之语。而老子听罢，依然不动声色地向前赶路。其中一个人说："我们苦苦挽留，你却不应声。又将你贬得一无是处，你为何不动怒呢？"

老子说："对于你们的行为，若放在十年前，我一定会愤怒、生气，可如今我内心平静如水，已经完全不会被外在的任何事与物所控制，我完全是自己的主人。所以，无论外界发生什么，我都不会跟随他人去做出什么反应！"

老子不为外在任何的物与事所困扰、左右，所以在任何时候，他的世界都是一片安宁的。也就是说，当外界无聊的嘲笑、讽刺甚至是谩骂等一切都左右不了你的心时，那你的世界就会是平和、平静的，那时的你也会是无敌的。

心理学认为，外界的事与物只有经过你内心的"作用"，才能真正地左右你。也就是说，外界无论发生什么，若根本走不进你的内心，那么也就无法真正左右你了。由此可得出这样的结论：无论在什么时候，愉悦的根基在自己身上，这个世界上，除了你自己没有人或事能使你不快乐。所以，生活中，当我们遇到烦恼时，与其去抱怨环境、埋怨他人，不如去审视自己的内心，调整自我的状态，学着与自己和解。比如，你不妨去看一场电影，不妨去听一段音乐，不妨去唱一支歌曲，不妨去打一个电话，不妨去享受一下阳光……让烦心事见鬼去吧！要知道，为他人他事生气，是一种惩罚自己的行为。

另外，生活中，我们也不要将人生的愉悦寄托在外界的事物上，依附在世俗的认同上，百般地看重地位、财产及待遇、名誉等东西，若如此，你一旦失去这些，便会沉浸于痛苦中，其幸福与快乐的根基也随之被毁灭。

他人之所以能控制你的情绪，是因为你在意

每个人都可能有过这样的体验：因为别人一句挑衅的话，让你火冒三丈，恨不得立即冲上去揍对方一顿；因为上司的一句不经意的批评而情绪消沉；因为他人的讽刺、嘲笑、挖苦而怒火中烧，想报复对方……你为此感到不快，皆因为你太过在意，你越是在意，就越容易陷入对方的"攻势"之中，他人顺利地用话语或行为激怒了你，看到了自己想要的结果，而你却深受其害。正因为在意，所以你内心很容易被击伤，外在的一些风吹草动都会使你心神不宁。你的这个弱点倘若被人发现，你的情绪很容易被人所控制。

洛克菲勒因经济纠纷与人对簿公堂，在开庭时，对方的律师看起来是个极富修养的人，洛克菲勒更是对本次的官司不抱什么信心。

在法庭上，对方的律师拿出一封信问洛克菲勒："先生，请你告诉我是否收到了我寄给你的信呢？另外，你为什么没有回信呢？"

"我收到了，但没有回！"洛克菲勒十分果断干脆地回答道。

于是，律师又拿出 20 多封信，并且以同样的方式一一向他询问，而洛克菲勒却都以相同的表情，一一给予其相同的回答。

律师见洛克菲勒如此镇定，终于按捺不住内心的狂躁，顿时愤怒至极、暴跳如雷，并不断地咒骂，完全失去了一位律师应有的职业操守！

最后，法庭宣布洛克菲勒先生最终胜诉！原因很简单，就是因为对方的律师在法庭上乱了阵脚，让自己失去了判断力。洛克菲勒就是利用这点，不断地用言语去攻击对方的"软肋"，使他将对方的

目的及打官司的手段等细则全部暴露出来，最终赢得了官司。

一个人越在意什么，其情绪就会被什么所控制，就像那位律师一样，因为太在乎官司的输赢了，所以便轻易地在洛克菲勒面前暴露了自己的弱点，让对方抓住了把柄，使他在关键时刻一败涂地。

真真是一名实习生，她工作努力认真，获得了上司的好评。这时，与她一同来实习的张欣告诉她，公司对她的表现很是认可，想让她留下来。这可让真真高兴坏了，无疑让她吃了"定心丸"，之后，她对工作更上心了，领导对她更是赞不绝口。

很多时候，我们产生恐惧和慌乱，是因为对未来的不确定。不知道如何才能获得他人的认可，这时，若有人告诉你，如何去做才能赢得他人的肯定，那么你的情绪也会跟着变化。你可能非常喜欢某个男孩子，却又猜不透对方的心思，此时，如果身边有人告诉你关于他的只言片语，你的情绪也一定会受到影响。由此也可以得出，其实，真正控制你内心的不是外界，而是你内心的虚荣、欲望，这些都是你心灵的"软肋"，要想真正地摆脱控制，获得内心的真正平静，就该将你内心的虚荣、欲望剥离开，将心灵腾空。佛家有一句话叫"无欲则刚"，就是你内心如果无任何的欲念，那么你将能获得真正的强大，外界的任何人与物都拿你毫无办法，你就是无敌的。

未来不迎，当时不杂，过往不恋

关于如何摆脱因为空想而产生的忧虑和纠结，曾国藩曾提出了一个妙方，即："未来不迎，当时不杂，过往不恋。"就是说，未来发生的事情，不要迎上去想它；当下正在做的事情，不要让它杂乱，要做什么就专心做什么；当这件事情过去了，绝对不留恋。这个小妙方，其实包含三个方面的意思：一是要着眼于当下，好好把握眼前的时光，竭尽全力做好正在做的事情；二是不纠结不忧虑未来可能出现的矛盾；三是要勇于放下过去，切忌为过去的事或人而纠结或悔恨。

生活中，许多人喜欢预支明天的烦恼，想要早一天解决掉明天的烦恼。要知道，明天如果有烦恼，你今天是无法解决的。还有的人总喜欢为过去的经历耿耿于怀或悔恨不已，殊不知，昨天已经成为生命中永久的过往，你再痛苦都无法让昨天重来，何必让今天为昨天的痛苦埋单呢？其实，每一天都有每一天的人生功课要交，努力做好今天的功课再说吧！

汉宣帝继位之初，下诏想把祭拜汉武帝的"庙乐"升格，不料却遭到了当时任光禄大夫的夏侯胜的反对，丞相、御史大夫等公卿大臣们一阵惶恐，夏侯胜胆敢反对皇上的诏书，这还了得！于是便马上联合上了一道奏章，弹劾夏侯胜"大逆不道"。顺便把不肯在奏章上签名的黄霸也以"不举劾"的罪名一道上报给了皇帝。于是这两个人被一起逮捕下狱，判了死罪，等待择日处死。

夏侯胜在当时是有名的大儒，尤其精通《尚书》，素来性情耿直，不会阿谀逢迎，如今受此大辱，郁郁寡欢，想皇上的寡恩，想人生的无常，不免心灰意冷。好在那个更冤的黄霸跟他关在了一起，寂寞之中，还有人可以说说话。

黄霸生性乐观，他早就仰慕夏侯胜，只是无缘亲近，没想到因意外的灾祸被关进了同一间牢房，他心想："原来天天忙于公事没有时间，现在时间也有了，而良师近在眼前，为什么不赶紧补上这一课呢？"黄霸便将求教之意告诉了夏侯胜。夏侯胜苦笑说："咱们都

犯了死罪，明天就要被处死了，现在读《经》有什么用?"黄霸说:
"孔子有言:'朝闻道，夕死可矣。'人应该活在当下，抓住现在，学
有所得，心有所悟。今天就是快乐的，何必管虚无缥缈的明天呢?"
夏侯胜听了精神为之一振，大为感动，当即答应了黄霸的请求。从
此二人席地而坐。每天夏侯胜都悉心向黄霸传授《尚书》，黄霸尽心
听讲，二人日夜讲学津津有味，研读到精妙处，时不时还拊掌大笑。
弄得监狱的看守过来察看，结果是一头雾水，搞不懂两个将死之人
为什么这么快乐。

　　事后，有人促请汉宣帝该把夏侯胜和黄霸执行死刑了，宣帝派
人到狱中调查这两个人是否心中哀痛，是否有悔改之意，回报说他
们每天以读书为乐，面无忧色。汉宣帝心中不满，但也感叹二人之
贤，不忍杀之，以至此案久拖不决。

　　虽然身在监牢之中，决意活在当下的夏侯胜和黄霸心无挂碍，
没有什么能够束缚住他们。时间不再是他们的敌人，因为专注于当
下的事情，不知不觉间两个冬天便过去了，他们也没有感到时间的
漫长，反倒是学问研究得愈益精到，思想有了长进，精神也更加
充实。

　　两年后的一天，汉宣帝大赦天下，夏侯胜和黄霸得以出狱，不
过他们并没有被逐回老家，而是又直接被宣进朝廷，夏侯胜被任命
为谏议大夫，留在皇帝身边，黄霸为扬州刺史，外放做官。后来夏
侯胜以正直博学做了太子的老师，90岁逝世，为谢师恩，太子为他
穿了五天素服。天下儒生都引以为荣。黄霸以精明干练、政绩卓著
名扬天下，后来官至丞相，史书评价他，自汉朝建立以来，才能卓
异的丞相多多，但论到治理百姓，则"以霸为首"。

　　可见，"未来不迎，当时不杂，过往不恋"是一种全身心地投入

人生的生活方式。当你专注于当下，而没有过去拖在你后面，更没有未来拉着你向前时，你全部的能量都集中在这一刻，生命因此具有一种强烈的张力，这种张力甚至可以改变糟糕的现状，就像夏侯胜和黄霸一样，全然专注于当下时，所有的劫难也就自然化解了。

所以，当你在为过去或未来虚幻的事情忧虑时，记得用曾国藩的那句话提醒自己，努力真正地做到未来不迎，当时不杂，过往不恋，当你的精力专注于当下或眼前的事情时，你脑中所有虚空的幻想便都烟消云散了。

把你不能左右的事情留给老天去忧虑吧

忧虑是人情绪的一种，它就和烦恼一样，是非常不必要的。生活中总是有人在不停地忧虑：孩子今天在学校有没有好好听课；明天中午吃什么呢；世界真的终将毁灭吗……这些忧虑对于我们来说没有任何意义，因为你永远不知道接下来的生活会发生什么。无谓的忧虑只会给自己增加烦恼，让自己心情郁闷。所以，你要做的就是好好地把握眼前的一分一秒，那些未知的忧虑就统统抛给老天吧。

凯瑟琳·赫本在成名以前，有一场非常关键的演出，正是这次演出，使她一夜之间闻名世界。但在她准备正式登台前的十几分钟里，她真正感受到了开演之前的压力。她感到紧张，觉得自己无法演出，恐惧使她认定自己的嗓子将会出现问题。她告诉医生说，她觉得自己将要瘫痪，双脚几乎没有办法移动。

"怎么回事呢？"医生很关切。

"我突然感到很恐慌。以前在演出前也会感到紧张，但这一次跟以前大不相同。"

"不要为此忧虑，"医生安慰道，"你是一位真正有实力的艺术家，你一定能克服紧张情绪的。我这里正好有克服你这种症状的药，这是一种新药，效果又好又快。"

说着，医生从药箱里取出针管，打破一个小玻璃瓶，并把瓶中的液体抽到针管中。

医生给赫本注射了药水，并向她保证说，这种特效药马上就会生效。

"坐下来，不要去想演出，放松心情。"

几分钟后，赫本已经很镇静了。

"这药效果真不错，真是太谢谢您了。"赫本高兴地说道。

演出开始后，赫本信心百倍地上台，赢得了观众热烈的掌声。

后来在庆功会上，医生过去向她道贺："恭喜你，这是你最精彩的一次演出。"

"谢谢您。"赫本说。

"不，你要感谢就感谢你自己吧。努力的是你，而不是我。演出前我给你注射的只是一瓶蒸馏水。你知道吗？"

法国的乔治·桑说："心情愉快是肉体和精神上的最佳卫生法。"马克思也说过："一种美好的心情，比千服良药更能解除生理上的疲惫和痛楚。"很多事情都不会因为我们的意志而改变，与其每天沉浸在不必要的忧虑当中，不如快快乐乐地过好现在的每一天。

有一个制作各式各样成衣的商人，因为经济不景气生意日渐低迷，商人为此终日郁郁寡欢、愁眉不展，每天晚上都睡不好觉。

对丈夫的郁闷细心的妻子看在眼里急在心上，她不忍丈夫就这样被烦恼折磨，就建议他去找心理医生看看，于是商人前往医院去看心理医生。

医生见他双眼布满血丝，便问他："怎么了，是不是受失眠所累？"成衣商人说："是呀，真叫人痛苦不堪。"心理医生开导他说："别急，这不是什么大毛病！你回去后如果睡不着就数数绵羊吧！"成衣商人道谢后就离去了。

一个星期之后，他又出现在心理医生的诊室里。他双眼又红又肿，精神更加颓丧了。心理医生复诊时非常吃惊地说："你是照我的话去做的吗？"成衣商人委屈地回答说："当然是呀！还数到过3万多只呢！"心理医生又问："数了这么多，难道还没有一点睡意？"成衣商人答："本来是困极了，但一想到3万多只绵羊得有多少毛呀，不剪岂不可惜？"心理医生于是说："那剪完不就可以睡了？"成衣商人叹了口气说："但头疼的问题又来了，这3万只羊的羊毛所制成的毛衣，现在要去哪儿找买主呀？一想到这儿，我就睡不着了！"

为未来早作打算并没有什么坏处，但是一旦错失了分寸，做出杞人忧天的事来岂不是很可笑？有些事想得太远，就成了一种无形的压力，会给我们带来许多不必要的烦恼。

我们时常忧虑明天，但明天会发生什么事情你根本无从知晓。所以，为明天担心完全是多余的，因为它的发展总是出乎你的意料。

马克·吐温晚年时曾经感叹："我的一生太多时候在忧虑一些从未发生过的事。没有任何行为比无中生有的忧愁更愚蠢的了。"是啊，过去的已经过去，明天却还未知。所以，我们根本没有必要背负昨天的烦恼，遐想明天的烦恼。开心、快乐地把握当下才是最明智的选择，至于明天会怎样，就等明天起床后再说吧！

不过分在意别人的评价，就不容易被激怒

过分在意外界的评价，生气的总是自己。人生在世，如果活在别人的评价中，那将是非常痛苦的，这种痛苦使人手足无措，让人心烦意乱。

我们无法左右他人的言论，但是我们可以左右自己的心灵。大多数时候，别人的评价也并非恶意，我们根本没有必要介意，更没有必要因为别人的评价让自己火冒三丈。

大文豪苏东坡一直笃信佛教。宋神宗年间，翰林大学士苏东坡任杭州太守时，与佛印和尚相交甚好。两人虽隔江居住，但常有书信往来。

有一次，苏东坡在给佛印和尚的信中写道："稽首天中天，毫光照大千；八风吹不动，端坐紫金莲。"意思是自己参禅悟道，已经深得其中三昧，再不受世俗利害荣辱所扰。然而为不为世俗所扰，自身到底到了什么境界，往往不是自我标榜出来的。

佛印和尚看到苏东坡派人送来的信，提笔只批了两个字："放屁！"便让送信人拿回去给苏东坡看。

苏东坡看到佛印竟然用这极其不文雅的两个字来评价自己的信，立刻火冒三丈。于是，急忙渡江找佛印和尚问个究竟，令他没有想到的是，此时佛印和尚却自己送上门来，已在江边候驾。

他见到怒气冲冲的苏东坡就哈哈大笑道："东坡居士，八风吹不动，怎么一个'放屁'就把你打过江来？"

苏东坡欲与之辩论几句，却自觉佛印和尚的话十分有理，只能

暗自惭愧，自己的修行还差得太远。

你要不想生气，没人能把你激怒。轻易被人激怒，还是定力不够。定力不够，是因为太在意别人的看法。不在意别人的评价，就不容易被激怒。你要知道，无论别人怎么看，怎么说，你还是你，不会多什么，也不会少什么。

如果你过分在意别人的评论，只会徒生许多烦恼。而且当那些评论扰乱你的内心时，你向前迈进的勇气也会渐渐熄灭。

菲尔德是美国实业家，他曾率领工程人员，准备用海底电缆把欧、美两个大陆连接起来。许多人为他的壮举欢呼，大家称他是"两个世界的统一者"。那时，他成了美国最受尊敬的人。

然而，就在盛大的接通典礼上，刚被接通的电缆传送信号突然中断，人们的态度来了个180度大转弯，之前的欢呼声立刻变为愤怒的狂涛。对于这些，菲尔德只是淡淡一笑，不做任何解释，继续埋头苦干。

终于，在经过多年的努力后，欧、美大陆之桥终于通过海底电缆被架起。在庆典会上，菲尔德没有上贵宾台，只远远地站在人群中观看。对于诋毁和荣誉，他都表现得很淡然。

菲尔德不仅是"两个世界的统一者"，而且是一个理性的人。面对铺天盖地的质疑时，他通过自我心理调节，屏蔽了所有可能影响他心情的言论，用事实征服了大众。

都说人言可畏，其实事实并不完全如此。我们之所以会在乎他人的评论，是因为我们没有足够的自信心，只有在我们坚定自己，拥有了风雨撼动不了的自信时，也就不会再为别人的评价感到生气了。

我们来到这个世界是为了实现自己的人生价值，而不是为了迎合别人。对于别人的评价，我们完全不必过于在意。有时候，即使我们自认为无可挑剔了，但是依然会遭到一些人的品头论足。与其患得患失，过分在意别人的评价而失去自我，不如开开心心地过好每一天。

那些外表逞强的人，内心都在投降

生活中，一些人总是爱向他人示出强悍的外表：自己有理，便开始"大嗓门"；有点身份，便对周围不如他的人大呼小叫；凡事都争强好胜，与人常起冲突；为了得到旁人的认同，便与人抢功劳；有点小成就，便忘乎所以，不把周围的人放在眼里；别人不小心的冒犯，便让他立即火冒三丈，咬牙切齿地给予回击，甚至恶语相向……这样的人处处爱逞强，表面上看如此行径好像是极自信，然而，它却是心态失衡的软弱表现。

爱在现实中逞强的人，其内心都在"投降"。他们因为内心软弱，所以要通过外表过人的强硬，才能体会一种"胜利感"。

周丽是个泼辣豪爽、直来直去的女人，她的这种个性本是很受欢迎的，却因管不住自己的嘴巴，嘴巴跟性格一样"豪爽"，经常咄咄逼人，只要得了理，便一定不会饶恕别人。

有一次，周丽被经理安排到外面去做事，文秘刘红不知情，以为周丽请了假，结果月底周丽被扣发了工资。周丽非常气愤，气呼呼地去找刘红理论："嗨，你怎么搞的啊，我什么时候请假了，凭什么扣发我工资。"

刘红去询问了经理，才知道自己搞错了，但是她心想：即使是我发错了工资，你也应该好好说，怎么可以这么出言不逊呢？于是也没给周丽好听的，"公司规定职员因公务外出时，要记得和我说一声，当初你没说我怎么知道。"

周丽一听气就不打一处来，仗着自己有理，不依不饶，"是你自己的工作没有做好，你怎么又怨起我来了，一个打杂的还不知道天高地厚了。你是不是平时看我不顺眼呀，你要是看我不顺眼就直说，少在背后搞鬼。"

一个得理不饶人，一个死不认错，谁也不肯退让，结果两人从斗嘴到最后大打出手。

其实，周丽和刘红都是爱逞强好胜者，在面对误会时，第一反应都是以"强硬"的方式向对方示威。这样做，正彰显了她们内心的脆弱。最终也会把事情越搞越糟。真正的强者，都是平和之人，在面对误会时，会和颜悦色地向人解释；在自己犯错时，会主动向他人低头，以求得对方的谅解；在面对别人的冒犯时，仍会以微笑的方式向对方表示出接纳的姿态。这样的人，才是无往而不胜的。

王琳是个飞行员，他的胆识过人，技术一流，是飞行员中的佼佼者。

有一次，王琳参加一场飞行表演，结果飞机在返回的途中发生了意外——在飞机降落到距离地面300米高空的时候，王琳发现飞机的发动机突然熄火了。

看到这样的情形，王琳自然非常紧张，因为这几乎意味着机毁人亡。当时王琳的飞机里还有另外两个人，也就是说，三条人命正危在旦夕。不过值得庆幸的是，王琳依靠高超的技艺和过人的胆识，仍然把飞机降落在机场，人员也安然无恙，只是受了点刮伤。

走下飞机，王琳立即对飞机做了检查，结果发现故障原因是机械师把燃料加错了。

于是，当王琳说要见一下那位帮他维修飞机的机械师时，人们都以为他要狠狠地痛骂那位粗心大意的机械师一顿，因为这么大的失误，不仅让这架造价昂贵的飞机也基本上报废，而且还差点让王琳一行三人一命呜呼。

可是，出人意料的是，王琳见了那位年轻的机械师以后，他走过去揽住机械师的肩膀说："为了相信你不再出现这样的情况，明天要起飞的F—16还要你来维修。"

机械师还沉浸在紧张、沮丧、痛悔的情绪中，听到了这番话以后，简直不相信自己的耳朵，直到王琳离开以后他还没醒过神来。

显然，这件事给了这个机械师一次终生难忘的教诲。而王琳在年轻机械师犯了这么大的错误之后，只是简单几句含蓄的批评就又重新给机械师机会，机械师又怎么会不感恩戴德呢？下一次检修的时候他必定万分小心。

所以，面对他人的失误，我们一定要懂得：只要是人，就可能出现错误，知错能改自然是最好了。拒绝得理不饶人，选择更加委婉的表达，这会让你的心态平和，也更能帮助对方吸取教训。

暴风骤雨式的凌厉、尖刻，只会激发他人的反感厌恶，亦不是真正的强大。要知道，人们欢迎的往往是那些行为友善、令人轻松愉快的人，因为他们的气场是温和的、明亮的，就像冬日的阳光一样。得饶人处且饶人，气场会辐射到更多人身上，如此我们也就拥有了更多的人气、更多的朋友以及更加平和的内心。

你不给自己烦恼，烦恼自不会找上你

生活中有太多不值得我们去计较的事情，只要我们能够以一种平和的心态去面对生活中的一些琐事，那么，我们就会享受到生活本应有的快乐与幸福。学会看开，学会看淡，学会看远，学会看透，学会看准，运用你的智慧，以一种超脱的心境处世，必然就不会因为小事而烦恼。

蓝天大学毕业时，只身一人到北京打拼，通过努力，终于在一家大型合资企业稳定下来了。经历了许多坎坷，忍受了不少委屈，他终于拥有了自己想要的工作和生活。可是最近，他和公司里的一位同事产生了一点矛盾，搞得他整天心情恍惚，压力重重。于是他打电话向朋友诉说，朋友告诉他，想想当初刚毕业的时候，一个人打拼事业是多么艰难，想想自己吃的那些苦，这又算什么呢？为什么一定要把它记在心上呢？想办法解决，解决不了，就忘记。他顿时大悟，是啊，这点矛盾算什么呢，不过是庸人自扰。

总是喜欢烦恼的人，大都是把困难放大的人。其实，只要我们仔细地想一下，就会知道，那些让我们心力交瘁的烦恼是多么地微不足道。苏格拉底说过，聪明人并不一味追求快乐，而是竭力避免不快乐。

我们也许为生活奔波疲惫不堪，心中的郁闷得不到发泄，可当我们放弃那些无谓的烦恼时，就会感到真的没必要为小事发愁，况且有些烦人的事情是自己所无法控制的。

有一个小男孩天生就有一个大鼻子，因为这个大鼻子，他在学校几乎成了每个同学嘲笑的对象。他为此整天闷闷不乐，不爱和同学打交道，不愿参加班上的集体活动。闲下来时，他就趴在教室的最后一扇窗户前看窗外的风景。

他的老师玛丽娅有一天发现了这个小男孩的忧郁。一次下课后，她就走到小男孩身边问："你在看什么呢？"

"我在看那些人正在埋葬一条可爱的小狗。"小男孩悲伤不已。

"这真令人难过，不如我们到前面的那扇窗户去看看吧。"玛丽娅牵着小男孩的手走到另一扇窗户边，她推开窗子问道："孩子，你看到了什么？"

窗外是一大片太阳花，开得光鲜而灿烂，小男孩的悲伤顿时一扫而光。

"孩子，你看，你只是开错了窗子。"玛丽娅指指窗外的美景，抚摸着小男孩的头说，"你知道吗，在老师的心中，你的鼻子是最可爱的。"

"但大家都笑我啊。"小男孩还是很难过。

"那是因为你没有换一扇窗户，把你鼻子最可爱的一面展示给大家看啊。"

恰好这时候学校有一个小型话剧演出，有个角色很适合小男孩。在玛丽娅的指导下，小男孩鼓起勇气参加了演出，并获得了成功。因为他的大鼻子，人人都记住了这个校园里的小明星。后来，小男孩参加美国在线节目的演出，以至名声大振。长大后他进入了好莱坞，成了最受欢迎的明星之一。

这个小男孩叫斯格特，是20世纪美国最著名的滑稽明星之一。

当我们因窗外的景物而烦恼时，是否想过要换一扇窗，换一扇窗，也许你就会看到别样的风景；当我们陷入困境、走投无路时，是否想过换一种思维方式，换一种态度，也许你就会开启成功的大门。

经常有人无奈地感叹："使我们不快乐的常常是一些芝麻小事。我们可以躲开一头大象，却躲不开一只苍蝇。"在人生的道路上，我们往往能勇敢地面对生活中那些重大的危机，却常常会被芝麻小事缠绕得苦不堪言。生命太短暂了，不要让小事绊住我们前进的脚步，不要让琐碎的烦恼浪费我们宝贵的时光。人生有两种选择——快乐的人生和痛苦的人生，如果你选择前者，那么就不要再为生活中的小事烦恼，善待自己，善待人生吧！

如果你不给自己烦恼，别人也永远不可能给你烦恼。想想，那些令人发愁的事情，在遇到生命危险的时候，显得多么荒谬、渺小，无论什么时候我们都应该告诉自己：如果我还有机会看见明天的太阳，我永远也不会再为那些小事烦恼了。

人的情绪问题，多源于心灵的空虚

"空虚、寂寞、孤独"等坏情绪也是让人产生焦虑的根源之一。可以想象，当一个人心灵处于"空虚"的状态，无事可做，无理想可以追求，最容易没事找事，那么，焦虑不安的状态就会如影随形。所以，要清除由空虚带来的焦虑，最有效的方法就是让自己有事可做。要知道，当一个人专注于某一行动时，内心的坏情绪也被随之驱散。

有一个小和尚，在寺庙中整天念经，经常感到心烦。

在一天夜里，他做了一个奇怪的梦，梦见自己去阎罗殿的路上，看到一座金碧辉煌的宫殿，同时，宫殿的主人看到他后，就请他留下来居住。

小和尚说："我每天都忙于念经和学习佛法，现在每天只想吃、想睡，我非常讨厌看书。"

宫殿主人答道："如果是这样的话，那么世界上再也没有比这里更适合你居住的了。我这儿有丰富而美味的食物，你想吃什么就吃什么，不会有人来打扰你。而且，我保证不会有经书给你看，你也不用去刻意领悟佛法！"

听罢此话，小和尚就高高兴兴地住了下来。

在开始的一段日子里，小和尚每天除了吃，就是睡觉，这让他感到异常快乐。渐渐地，他觉得有点寂寞和空虚，于是就去见宫殿主人，抱怨道："这种每天吃吃睡睡的日子过久了也没有多大意思，我对这种生活已经提不起一点兴趣了。你能不能给我找几本经书看看，或者时不时地给我讲几个佛祖的故事听呢？"

宫殿主人答道："对不起，我们这里从来不曾有这样的事，你还是待在这里面好好地享受吧！"

又过了几个月，小和尚感到内心空虚极了，就又去找宫殿主人："这种日子我实在是过不下去了。如果你再不给我经书念，也听不到佛法，我宁愿去下地狱！"

宫殿主人轻蔑地笑了笑："你以为这里是天堂吗？这里可是真正的地狱呀！"

人活着就需要思考，需要劳动，如果你整天生活在安逸之中，衣食无忧，表面上看似享受，其实无异于活在地狱中。长时间将自己浸泡在安逸之中，人也无异成了行尸走肉。

所以说，一个人最可怕的行为，就是丧失了理想，没有了进取心，一味地追求享乐，让心灵处于一种空虚的状态中。这样只会让你越来越堕落，不会珍惜你所得到的东西，也不会对周围的事物心存感激，更不容易得到满足，如此一来，自然会被坏情绪所缠绕。相反，如果一个人的生活是充实的，那么，他就很容易收获快乐，珍惜自己所拥有的，对周围的事物心存感激。因此，无论你是腰缠万贯的富豪，还是一贫如洗的穷困人，永远要记住，只有树立自己的理想，规划自己的人生，让自己"有事可做，有梦可追"，才能真正地让生命充实，才能切实地体会到生活赋予你的精彩。我们可以在经济上贫困，但绝对不能让自己的精神也打折。所以，我们要时刻反省自己是否正处于碌碌无为的状态之中，是否甘愿长期生活在安逸之中，尽早让自己从迷惘的状态之中觉醒，让自己在创造与奋斗之中感受到真正精彩的生命！

怨恨别人，苦的只会是自己的心

人内心的愤怒，很多时候都是由心中对他人所生的不满和恨意产生的：同事不小心冒犯了你，你心生恨意，于是处处想报复对方；老公做事不够利索，你对其产生不满，于是处处看他不顺眼；孩子考试没取得好成绩，你失望透顶，于是总是苛求于他；领导的批评使你愤怒，于是处处想与其作对……要知道，憎恨别人其实是在拿别人的错误惩罚自己，你心中的恨意，只会让你的心沾满苦涩，甚至会使你的人生都变成苦味。这种消极情绪所引起的得与失，比起物质上的得与失，更加致命。因为流逝的生命是最为昂贵的，是我们永远也支付不起的。

在 20 世纪的时候，美国著名的建筑大王凯迪与飞机大王克拉奇是很好的朋友。凯迪有一个女儿，而克拉奇则刚好有一个儿子，两个人为使彼此间的关系更为亲密，就打算撮合他们的儿女成婚。但是这两个人的感情却进展得并不顺利，他们经常会发生争吵。两家人都是社会的名流巨富，儿女们的这种关系也让他们极为伤脑筋。

没想到，不幸的事情还是发生了。凯迪的女儿竟然被人毒害，而据警方详细调查后，杀人凶手正是克拉奇的儿子。为此，克拉奇的儿子也被关进大牢中，两家人的身心因此也受到沉重的打击。

从此以后，两家的关系就变得极为紧张，他们的生活也变得暗无天日。令凯迪一家较为恼火的是，克拉奇的儿子在事实面前却从来不肯承认是自己杀了人，而克拉奇也极力地为儿子的罪行拼命奔走上诉。如此一来，两家便结下了深仇大恨，两家人也开始进行明争暗斗的较量，双方也都损失惨重。

一年以后，法院做出终审，克拉奇的儿子也因谋杀罪而被判终身监禁。克拉奇为了不让自己的儿子一辈子都待在监狱中，为了消除儿子的罪行，又千方百计、拐弯抹角地不惜重金为凯迪一家做经济补偿，以求得凯迪能到监狱去为儿子说情。克拉奇每一次的经济补偿都巧妙地出现在生意场上，这也使凯迪不得不被动接受。

但是，每当凯迪拿到克拉奇家族的经济补偿时，就像是接过一把刀刺向自己的心那样悲痛难忍。凯迪也不停地埋怨自己当初怎么就看错了人。而克拉奇全家也是天天都生活在自责之中，他们怨恨自己怎么没能教育好自己的儿子，埋怨自己不该为了利益操纵儿子的婚事。

两家都是美国企业界中的上层人物，没想到生活却会如此捉弄他们，让他们的内心得不到安生。就这样一年又一年过去了，两家人的心情总是被巨大的阴影所笼罩，凯迪与克拉奇从来没有真正地笑过。他们承认，他们为此所付出的心理代价是用任何金钱也无法弥补的。

然而，就在他们苦苦承受了20多年的痛苦后，最终的事实却证明，凯迪女儿的死，并不涉及善恶情仇。事情在当时的美国社会引起了巨大的轰动，面对媒体的采访，凯迪与克拉奇都说了同样的话："20多年来，我们所受的心灵上的折磨是我们永远支付不起的！"

如果两家都能及时地忘却仇恨，那便不会有如此多的折磨和煎熬了。所以，生活中与人发生摩擦后，千万不要太过记恨对方，要学会忘记过去的一些恩怨，并开始自己的新生活，切勿在过去的记忆中过度感伤，使自己的心灵备受折磨。

曾经有一个大力士，名字叫赫格利斯，体格高大，威风凛凛，从来都是所向披靡、无人能敌，因此，时时都是一副踌躇满志、春风得意的姿态，唯一的遗憾就是找不到对手。

有一天，他行走在一条狭窄的山路上，突然一个趔趄，险些被绊倒在地。他定睛一瞧，原来脚下躺着一只袋囊，于是生气地猛踢一脚，想把它踢到九霄云外，没有想到那只袋囊非但纹丝不动，反而气鼓鼓地膨胀起来。

赫格利斯看到这种情形，因而就更加恼怒了，于是挥起拳头又朝它狠狠地一击，但它依然如故，仍迅速地胀大着。

赫格利斯暴跳如雷，拾取一根木棒朝它砸个不停，但那袋囊却越胀越大，最后将整个山道都堵得严严实实。

任凭赫格利斯怎么折腾都拿袋囊没有办法，气急败坏却又无可奈何之下，赫格利斯累得躺在地上，气喘吁吁。

不一会儿，一位智者走了过来，赫格利斯懊丧地说："这个东西真可恶，存心跟我过不去，把我的路都给堵死了。"

　　这位智者淡淡一笑，平静地说："朋友，它叫'仇恨袋'。当初，如果你不理会它，或者干脆绕开它，它就不会跟你过不去，也不至于把你的路堵死了。"

　　的确，很多不快乐、充满怨恨的人都是在背着"仇恨袋"过日子，这样受苦的只是自己的心。我们要明白，生命实在是太过短暂，容不得我们为了一些外物和解不开的死结而毁灭掉自己匆匆而逝的年华，破坏其原本存在的平静。其实，只要你静下心来想想，过去的仇恨没有什么大不了，过去的毕竟过去了，再纠结、再痛苦也永远无法挽回了。只有选择及时将其忘记，才能弥补你已经失去的，才会迎来如夏花般绚烂的明天。

第二章

自律者无敌：坚守住自己的内心，
没人能伤得到你

"没有人撒盐能伤得了你，除非你身上自有溃烂之处。亦没有人能伤害你，除非你自己心里愿意。"这句话道出了，在生活中，我们常被人与事伤害的原因，多数是不懂得自律，无法坚守住自己的内心。比如内心无休止的欲望，内在的虚荣等，很容易因外界的物与人而波澜起伏，因而伤痛、忧愁、烦恼、焦虑等都接踵袭来，所以，在生活中，若不想受伤害，最重要的就是懂得守住自己的内心，对外在的人与事都淡然视之，不计较"荣"，更不在意"辱"，不贪心，更不妄求。

自控者无敌：管得住自己，你就赢了

众所周知，很多射击运动员在比赛时都会佩戴挡眼板来提高注意力，而两届奥运冠军得主郭文珺却从来不戴。郭文珺在伦敦奥运会前接受记者采访时说："其实你真正要管住的是自己的心，把心管住了，你就真的该看不见都看不见了。要是管不住心，就算戴着那个东西，想看还是能看见的。"的确，"心"是一个人所有行为的主宰，你的喜怒哀乐都由它所掌控。为此，你若不想被外界的人与物所伤害，那就必须要有强大的自控力，学着去管住自己的内心。

所谓"管住自己的内心"，即有足够的自控力去让自己做该做的事情，并阻止自己做不该做的事。自控力可以使我们的心能够理智地去抵制生活中的种种诱惑，可以使迷茫中的我们正确地规划自己的人生，实现自己的奋斗目标，可以使我们的人生获取稳定前进的推动力。

实际上，我们每个人的心中都住着一个"天使"与一个"魔鬼"。而坏情绪便是我们内心的魔鬼，一旦这位"魔鬼"失控，将会一发不可收拾。我们如果任由情绪肆意地发展而不加以控制或及时反省，那么我们就会给自己或他人带来不便，甚至会惹出祸端。

一个小池塘里住着一只脾气极坏的乌龟，它认识了两只经常来水池边喝水的大雁，时间一长它们成了好朋友。

有一年，天气大旱，水池里面的水干涸了，乌龟没办法只好决定搬到别的地方去居住。它听说大雁要飞去南方，便跟大雁说准备同行。可是乌龟不会飞行，于是两只大雁便找来一根树枝，它们各执一端，让乌龟咬住中间，带着它一起飞行。

大雁嘱咐乌龟说："当我们开始飞行时，你一定不要说话，因为你一开口说话就会掉下去。"

乌龟点头答应。于是它们飞过田野、山峰、森林、村庄……村庄里的孩子看到了被大雁带着飞行的乌龟，觉得很有趣，便拍着手喊同伴来看："快来看呀，快来看呀，那只乌龟好滑稽呀，还在学飞呢？"

乌龟本来正扬扬得意地飞行呢，听到有人嘲笑它，便非常生气，于是开口大骂。可它一张嘴，便掉了下去，摔在石头上，死了。

虽然大雁已经警告过乌龟，但乌龟没能学会忍耐，没能管住自己的情绪，结果心理武装一解除，管不住情绪的乌龟就摔死在石头上。可见，一个人如果不听别人的劝告，无法管住自己的情绪，这样的人是难有一番作为的。

这是一则寓言，却让我们生动地看到了那个平时管不住自己内心的自己。我们会因为他人的一句话而丧失理智，情绪失控，也会因为过分地追求外界的物欲而痛苦不堪，更会因为周围人过得比自己好而心生嫉妒……有人说，当一个人的心情一坏，一个人心理就被解除了武装，剩下的大概就是缴械投降了。所以，你若不想被外界的人与事掌控，那就学会好好地管住自己的内心吧，管住内心的欲望、情绪，坚持自己内在的信念，努力做自己就好了。

管住欲望，便没人能操控了你

人们总是会为"飞蛾扑火"而叹息，总是会为"鱼儿上钩"而遗憾，如果静下心来仔细想想，我们生活中的不快乐、焦虑不安等坏情绪，有多少不是欲望所带来的呢？

柳英是位都市白领，高学历，高收入，而且人也长得很漂亮。每天上班都有不同风格的打扮，时髦得体的她，赢得了周围所有同事的称赞。在一片赞扬声中，她的欲望越发膨胀起来了，为了更引人注目，为了讲求品位，她不惜花大价去购买名牌时尚，去买名贵的珠宝，高档的箱包……然而，她的收入毕竟是有限的，对时尚的物质追求的强烈欲望，已经让她负债累累，每天都活在焦虑之中。焦虑之中的她总会莫名地为自己不确定的未来担忧，为自己身上的债务而焦躁不安，她似乎已经被欲望牵着鼻子走了。

因为内心疲惫，让柳英原本漂亮的容颜憔悴了很多，对生活彻底失去了兴趣，对工作也丧失了兴趣，每天都唉声叹气的，人也变得悲观了许多……

柳英对生活的焦虑，完全源于其内心的欲望，高收入的她，本来可以过得很快乐、很自由，但是因为太过在意外在的形象，欲望太多，所以才会烦恼不断，痛苦不止，心灵疲惫不堪。在当下的社会中，多少人的焦虑都是因对外在欲望的追逐而产生的呢？

其实，每个人都可能有这样的体验：我们在童年时期，因为无所欲求，所以会倍感轻松和快乐。成年以后，因为内心的欲望太多，为了填满它，每天都在不停地忙碌着拾捡，认为自己捡到的都是好东西，殊不知捡起来的是无尽的烦恼和痛苦。渐渐地，我们心中承受的东西越来越多，想拥有钱财、美色、饮食，想拥有权力、名望……凡是触及我们生活的东西，我们都想拥有，而当这些欲望一一得到满足之时，我们的内心就会变得异常的沉重，心中塞满了烦恼，焦虑的情绪自然就来了。所以，我们说，欲望是焦虑之根源，只要及时削减内心的欲望，降低内心的奢求，你就会快乐许多，不快乐自然就消失了。

在远离城市喧嚣的僻静处有一条老街，街上有一家铁匠铺，里面住着一位老铁匠。因为现代已很少有人再需要打制的铁器，于是，他便改卖铁制的生活用品，比如铁锅、斧头等。

与别的商家不同的是老铁匠还保留着很原始的经营方式。他坐在铁门内，货物摆在门外，不吆喝，不还价，晚上也不收摊。老人过着与世无争的悠闲生活，他手里常常拿着一个半导体，身旁是一把紫砂壶。老人不在乎生意好坏，他老了，挣的钱够自己喝茶和吃饭就行了，他很满足。

有一天，一个经营古董的商人从这里经过，他不经意间看到老铁匠身旁的紫砂壶，只见那把壶古朴雅致，紫黑如墨，颇有清代制壶名家戴振公的风格，他在世界上有"捏泥成金"的美名，据说他的作品现在仅存三件：一件在美国纽约州立博物馆里，一件在台北"故宫博物院"，还有一件在泰国某位华侨手里。于是，商人走过去，拿起那把壶仔细端详起来。在这把紫砂壶的壶嘴外果然有一记印章，还真是戴振公的！能在这个小巷子找到如此珍贵的古董，商人惊喜不已。

商人没有丝毫犹豫，他找到老铁匠，说愿意出10万元买下这把壶。老铁匠听到这个数字先是一惊，随后马上拒绝了，因为这把壶是他爷爷留下来的，他们祖孙三代打铁时都喝这把壶里的水。

壶虽然没有卖成，但商人走后，老铁匠有生以来第一次失眠了。他没有想到原本自己眼中普通的茶壶，竟然这么值钱，他的内心有些不平静了。商人的出价还是打破了老人平静的生活，原来他躺在椅子上喝水，都是闭着眼睛把壶放在小桌上，现在他总要坐起来再看一眼，这让他感觉心很累。而更让他不能容忍的是，当周围的人知道他有一把价值连城的茶壶后，门槛都快被踢破了，有的问还有没有其他的宝贝，有的甚至开始向他借钱。还有更过分的，大晚上来推他的门。就这样，一把壶将老人的生活彻底搅乱了。

过了一段时间，商人再次带着20万元现金登门，老铁匠再也坐不住了。这一次他下了决心，他招来左右店铺的人和前后邻居，拿起一把斧头，当众把那把紫砂壶砸了个粉碎。

在现实社会中，太多的物质、功利困扰着人们，使人们在生活中感觉很累，而更多的是心累。所以，我们要学着去管住自己的内心，果断放弃那些不属于自己的东西，不追求过多的物质东西，抛弃那些浮华和虚荣，欣然面对清贫，欣然面对平凡的日子，心灵自然会放松，就会享受到轻松生活的美妙和芬芳。

当然，要管住自己内心的欲望，你可以尝试以下的方法：

1. 从内心下手，将欲望和要求别人的标准降低，不要用自己的标准去衡量他人，同时也不要用自己内心的秤砣去称别人。

2. 杜绝攀比心理。攀比是导致我们内心焦虑的最大原因之一，所以不要轻易与人比较，尤其是拿自己"没有的"与别人所拥有的去比。如果非要去比，就将过去的自己和现在的自己进行对比，更好地审视自己。

3. 不快乐时，请提醒自己：真正的幸福并非"我能得到什么"，而是"我现在拥有什么"。一切寄托在外在物质上面的快乐都只是短暂的，因为任何东西只是你生活的"搭配"。幸福，是内心生长出的力量，那是一件只与自己有关的事。

依上面三点去做，你内心不快乐的情绪就会得到缓解。当然，我们说欲望是痛苦之源，并不是说要让人完全彻底地"禁欲"。要知道，欲望也是人类前进的动力，如果彻底"禁欲"就是阻碍人类发展。而是说，我们要把握和控制好自身的欲望，使欲望既合理存在，又能够减少我们心中的痛苦，不应把生活目标定得太高，要适度。同时，在实现目标的过程中，不要去侵犯他人的利益，这样才能让自己的人生旅程更加轻松愉快。

管住情绪：别轻易把快乐的钥匙交给他人

每个人的心中都有一把快乐的钥匙，但生活中我们会不自觉地将它交给旁人去保管。生活中，经常听到有人会有类似的抱怨："我最近过得很不快乐，因为朋友的误解让我焦虑极了。"他其实是把自己快乐的钥匙交到了朋友手中。一位员工说："我今天很焦虑，被客户坚决地回绝了！"他其实是把快乐的钥匙交到了客户手中。一位妈妈说："我的孩子真不听话，气死我了。"她其实是把快乐的钥匙交到了孩子手中。一个男人说："真是丧气，老板总是对我冷言冷语，工作真是太过压抑了。"他其实是把快乐的钥匙交到了老板手中……生活中，很多人都在做同一件错误的事情，就是让他人来控制自己的心情。当你允许他人来掌控你的心情时，你便会在工作和生活中不停地抱怨、随意发怒、情绪焦虑，有些人甚至患上忧郁症，在悲观、怨恨和焦虑中一蹶不振。

哈伦斯是一家著名杂志社的心理学顾问，一次，他与朋友一起去一个报摊买报纸。交完钱，那位朋友礼貌地对卖报人说了一声"谢谢"，但是对方却阴着脸，态度极为冷淡，没有一句客套话。

"那个家伙真是讨厌极了，不是吗？"在回家的路上，哈伦斯问道。

"是啊，他每次都这样，很少对人笑。"朋友漫不经心地说，丝毫没有生任何气。

"那你为什么还要对他那么客气呢？"哈伦斯有些疑惑了，他为朋友打抱不平。

朋友则只是微微笑了一下说道："我为什么要让他决定我的行为呢？"

一个内心强大的人，会懂得牢牢地握住属于自己的快乐钥匙，他不会期待别人带给他快乐，反而还能自我把控情绪，并把快乐和幸福传递给他人。这样的人，时刻都是情绪的主人，不以外界的人和物的影响而悲喜。

一天，张苏因为与同事处不好关系，心情烦躁，就去找自己大学的老师聊天。刚一见面，张苏就表现出一副愁苦的样子，向老师感叹自己虽然满腔抱负，但因为在工作中表现得太过积极和热心，总受那些混日子同事的指责和排挤。

老师听罢，哈哈一笑，沉默不语。只是端盆水果递给他吃。张苏因为心情烦躁，就摆手说自己平时不爱吃水果。老师还是让给他，张苏仍旧摇着手不接。老师仍旧微笑着，放下果盆，对他说道："看看吧，你不接的话，我还得收回来！就像别人在背后指责你，你如果不为此所动的话，话语不是还得被说话者收回来吗？"张苏猛然醒悟，别人的指责和谩骂，如果自己不当回事的话，对方怎么能伤得到自己呢？恐怕会伤到的只是他们自己吧！随即，张苏立即对老师的智慧感到敬佩。

的确，因他人的言行生气，是拿别人的错误惩罚自己。有不怀好意者对你的冷漠也好，恶语相向也好，其目的就是让你难受、生气、愤怒甚至焦虑，如果你果真去生气、焦虑，不就正中了对方的下怀吗？如果你全然不去理会，那受惩罚的自然就是对方了。我们在任何时候都无法阻挡别人的行为，唯一能把握的只有自己。你要将快乐的钥匙紧紧地握在自己手中，别轻易将它交给别人！

另外，你也可以尝试用以下的方法去平复自己的情绪：

1. 当你因为别人生出坏情绪时，你可以用下面的几句话告诫自己：生气，是拿别人的错误折磨自己；焦虑，是拿别人的过失折磨自己；忧虑是用虚拟的风险惊吓自己；自卑，是拿别人的长处诋毁自己。默念几遍后，你也许就会释然。

2. 当坏情绪袭来时，你可以这样问自己：我为什么要焦虑？我这样能从根本上解决问题吗？我因为别人生气，不是在跟自己较劲儿吗？这样问过自己之后，你的坏情绪可能就会有所缓解。

听从自己内心的声音，别让他人左右你的选择

生活中，你可能会遇到这样的情况，自己决定要去做某件事情，可是，周围的人对你的选择却有不同的观点，每个人都说得头头是道，让你心烦意乱。要知道，这个世界最不缺的就是闲着没事爱对他人评头论足的"闲人"。每个人所处的环境不同，看问题的角度也

不同，所以给你的意见或建议，都带有功利性或者片面性。所以，在你做选择时，面对周围人的声音，你切勿沉浸在他人的评论中，而是应该听从自己内心的声音，保持足够的清醒与理智，从而做出正确的判断。

参加完高考的苏珊，最近因为报考专业伤透了脑筋。本来，以她的分数，她可以轻松地进一所当地的知名大学，但是在填报专业时，她却开始纠结了。父母及周围的亲戚、朋友都建议她填"经济学"，理由是将来可以在当地的金融系统找一个好工作。而苏珊本人则从高中时就对生物学极感兴趣，她的本意是想报考"生物学"，可这遭到了周围人的强烈反对，理由是生物学将来毕业后太难就业。在接下来快半个多月的时间里，她都在为是该报考经济学还是生物学而纠结着……

为了让苏珊听从他们的建议，父母更是请来了在金融系统工作的颇有名望的舅舅，劝她立即填报"经济系"。几天时间里，舅舅都在对她进行"洗脑"，并从现实角度出发，帮她分析了当下大学毕业生就业的艰难处境，又为她描绘了学"经济学"后的美好前景，这让苏珊有点动心。随后，家里的众多亲戚和身边同学，都过来劝说苏珊，一周后，苏珊彻底改变了主意，毅然屈从了父母的意见。

可是，改学"经济学"后，苏珊变得很不快乐。枯燥的经济学定律激发不出她学习的任何兴趣，烦琐的经济学数据更是让她头疼不已。她很努力，学得也很辛苦，但丝毫没有任何成效，大一刚结束，她就因为多门课程不及格而被学校通知重修一年……

苏珊所经历的其实就是选择意识被人操控的过程。与苏珊一样，生活中我们多数人所经历的心理操控并不是仪式化、极端化的，它们通常是以友善而不易察觉的面貌出现在我们的身边。对于我们来说，这种操纵者才是最应该提防的，就像苏珊的父母、亲戚、同学等，他们总是打着"为你好""我们不会害你的""我们最爱你"的旗号来让你放下你的本意选择，屈从于他们的意志。

生活中，我们会面临各种选择，此时，听从自己内心的声音，走适合自己的路才是最为重要的。这就要求你要做一个有主见的人，做自己生活和人生的主人，这样的人也是内心强大者。他们面对事物，有自己独到的见解，他们的选择遵从自己内心的意愿，所以他们会快乐。面对各种质疑和评论，正是培养你判断力的好机会，与其为此烦恼，不如趁机提升自己的心理素质，学着与内在的自己和解，做到不纠结、不烦恼。

张萌是一所外国语学院的老师，还有一个可爱的儿子和一个幸福的家庭。在她的一切都稳定安适的时候，她却选择离开家庭，远赴美国留学，身边的所有人都不理解她的做法，父母劝她要以家庭为重，身边的同事在猜测她是否与领导产生了矛盾……尽管一时间，唏嘘声铺天盖地，但张萌都以微笑面对，坚决依着自己的想法去了美国。

几年学成归国后，她成立了自己的工作室，做起了跨国文化交流工作。如今的她，不仅事业做得出色，人也精神了许多，而且家庭依然很幸福。

拥有判断力，是你拥有强大内心的前提，保证冷静的头脑，遇到问题，不要着急，而是应该积极思考。这样的人，有主见，有追求，总是能在取与舍之间智慧地游走，他们始终知道自己要做什么，这些都源于他们对自我清醒的审视，并时刻懂得与内在的自己和解。

关于人生的选择，HP大中华区总裁孙振耀在自己的退休感言中这样写道："很多人在做选择的时候，总是会受他人影响，亲戚的意见，朋友的意见，同事的意见……问题是，你究竟是要过谁的一生？人的一生不是父母一生的续集，也不是儿女一生的前传，更不是朋友一生的外篇，只有你自己对自己的一生负责，别人无法也负不起这个责任……"的确，无论何时何地都应该忠于自己的内心，遵从自己最本真的意愿，这才是对自我人生最大的负责。当你在做选择时，当别人在你身边喋喋不休，想将他们的"意愿"通过"洗脑"的方式植入你的意识中时，你应该果断清理掉它们。因为很多时候，它们是潜伏在你大脑中的"敌人"，会对你的人生起到误导作用。同时，在做选择的时候，我们也无须太过计较那些所谓的"薪水""面子""荣耀"等，而是应该遵从自己的本心，选择那些最适合自己发展的人生方向或职业，那样你的人生将会是充满快乐和幸福的，而且也是成功的！

守住自己的原则，就没人能伤害到你

生活中，我们多数人生闷气、生闲气，并不是因为遇到了不幸的事件、不如意的事情，更多时候都是人的主观意识在作怪。别人讲了我的坏话，我若不去计较它，就不会生气；受到上司的批评，如若不将它放在心上，就自然不会有怒气；与同事发生摩擦，我若能谅解他，自然也不会有怨气……凡此种种，对于不愉快的事，你若能守住自己的内心，不将之放在心上，就自然不会有气。其实，还可以说，"生气"也是对自我的一种折磨，你若不在意，就没人能真正伤得了你。

珍维斯是个易怒者，每天都会因为生活中一些无关紧要的小事而愁眉不展、郁郁寡欢，他的妻子想劝解、开导他，可经常迎来的却是一通的牢骚，说自己的不快乐、不高兴都是因为外人所带来的。比如，被单位的领导训斥、被同职能的同事排挤、被朋友误会、被人指手画脚、被人说三道四、被人恶意欺侮、被无意地伤害……一次，妻子对他无休止的抱怨实在忍受不了，便随手从桌上拿来一个不倒翁，前后摇动了几下，便问道："不倒翁为何不倒下去？"

珍维斯愣住了，便回答说："那应该是一个深奥的物理学原理！"妻子说："我们可以用人生的道理来思考这个问题。不倒翁那个远远超过外壳全重的底心，让它的身体不管如何飘摇都可以稳稳地归位。你若按它，它顺势而倒，你抬起，他却顺势而起。你按得越是用力，他起得越是迅猛。你拿它无可奈何，你攻击它，到头来那个恼羞成怒、气急败坏的人反而是你自己。"接着，妻子又对珍维斯说："这就如我们做人一般，身为社会的一分子，我们身边围着各种光怪陆离的现象，就好似被一群孩童围在中心的玩偶，无数只手伸过来想按倒你、逗弄你、取笑你，甚至想破坏你。无论你扮演怎样的角色，在怎样的环境下，都会觉得委屈和无助。我们会被领导训斥、被同事排挤、被朋友误会，甚至还会被人指手画脚、说三道四、恶意欺侮、无意伤害……你不能捂住别人的嘴，捆住别人的手脚，禁锢别人的大脑，那么你就要做出选择：你可以选择做一个美丽漂亮却脆弱无比的芭比娃娃，结果可能是你很快被顽童们拆个七零八落。你也可以选择做一个看上去平凡无奇却无比强大的不倒翁，结果可能是你永远站在你的位置，自由坦荡地生活。"

听了妻子的话，珍维斯若有所思，他知道，自己要想做一个不倒翁，首先就要懂得坚守自己的原则、立场，守住自己的内心和位置，不轻易被外界的一切事与物所困扰。

不倒翁用一个"重心"便可以使自己屹立不倒，反而让"玩弄"它的人索然无味、垂头丧气，被它的强大和忍耐力"折磨"得发疯。对于人来说，要做一个"不倒翁"，也要有自己的"重心"，而这个重心便是内心的原则。

康德说："每个人都可以成为自己的主人。"其实就是说，每个人都可以自由地支配自己的内心，做自己心灵的主人，不受外物所影响。当然，要不被外物所影响，不轻易发怒、生气，就要懂得坚守自己做人和行事的原则，不轻易动摇。心理学家指出，一个人内在的主动权是不能受任何人或物的影响的，一旦你要别人顺从你的价值或信念，或者你自己顺从别人的价值，你便削弱了这些价值与信念在你生活中的力量。如果你还需要得到别人的赞同或顺从才能快乐，表示你已经遗忘了自己内在的主动权。所以，我们要做自己的主人，就要尽量依靠自己的力量来帮助自我，而无须掺杂别人的任何意念或要求。

管住虚荣，没有人能轻易刺激到你

虚荣心是一种心理状态，是扭曲的自尊心，它会让我们死要面子活受罪，然而通过伪装来获得满足感是没用的，差距经过掩饰依然存在，不要让别人影响了你的人生。

诸葛亮在《诫子书》中说："非淡泊无以明志，非宁静无以致远。"这句话道出了人生的许多真谛。追逐名利，是误入歧途。淡泊名利，可能平凡，但是还不至于平庸；追名逐利，可能会风光一时，但心灵不会自由，也活不出真正的精彩来。其实，名利是身外之物，面对名利，我们要做到得之泰然，不惊不喜；失之淡然，不悲不怒。为了名利而累心累身，确实是在做本末倒置的傻事。

乾隆皇帝在下江南的时候，曾问金山寺的一位高僧："长江中的船只每天都来来往往，如此繁华，一天到底要经过多少条船啊？"高僧回答道："这里只有两条船经过。"乾隆忙问道："怎会只有两条船呢？"高僧答道："一条为名，一条为利，整个江中来来往往的无非就这两条船。"

乾隆又问道："为何这么多人都在为名利而奔波呢？"

高僧答："因为人活在世上，无论贫富贵贱，穷达逆顺，都是生活在真空中，都不听从于内心的声音。他们一味地想生存发展，却都离不开'名利'二字"。

诚然，名利的确能给人带来巨大的物质利益，能够满足人的虚荣心。但是，如果你过分地追名逐利，一定会给自己带来无尽的烦恼。萨克雷的《名利场》中的女主人公丽蓓卡·夏普便是一个例子。她一生都是在不断追求中度过的，但是最后，她的一切心机却全部白费了。作者最后在书中以伤感而又无奈的语气说道："唉，浮名虚利，一切虚空，我们这些人谁又是真正快活地活着的？谁又是称心如意地活着的？就算当时遂了自己的心愿，以后还不是照样不知足？"

其实，人在这个世界上，都是一个来去匆匆的过客而已。名与利，都是过眼云烟，生不带来，死又不能带去，与其一生为它所累，还不如活得实实在在、快快乐乐，用一颗平常心来看待它，将一切看得淡一点，再淡一点。古往今来，那些大学问家都是这样做的，他们不屑于个人的名利，而是将全部的心血和才华投入自己喜爱的事业之中。所以，他们一方面能够享受到心如止水的快乐，另一方面也能水到渠成地获得惊人的成就。

面对误解，与其让自己纠结，不如学着信任

人与人之间的不和谐，很多时候都源于误解。比如你一句无心的话，却遭到了朋友对你人格的质疑；你因晚上工作应酬回去晚了，却受到妻子的责问；你本来是好心想帮同事完成工作任务，却让他误会你要与他抢功劳……因为有误解，所以摩擦、矛盾便不断滋生，烦恼也如期而至。

面对误解，与其让自己在痛苦、烦恼中煎熬，不如学着以释然的态度去信任对方，获得轻松。比如说，你受到了朋友的误解，近段时间常处于纠结中，与其让自己痛苦，不如学着接纳这种误解，让自己相信，你们的友谊之树是经得起这些误解的风雨的，如此才能让自己更为释然地再去面对朋友；而对那位误解你的朋友来说，如果他也始终相信你对他并没有坏心，这样他也可以从纠结中解脱。可以说，理解、信任是消除人与人之间误解的最佳良方。

一次，孔子与众弟子们在周游列国时，被困在了陈国与蔡国之间。已经七天了，他们没有找到任何食物。孔子和弟子们只好饿着肚子，饥肠辘辘，有的弟子，心中因此而忧心忡忡。而孔子则每日依旧平静地坚持学习，弦歌不绝，没有表现出丝毫的不满与担心。

子贡见同学们如此饥饿困顿，便用自己身上的财物，突破重围，到外面换了少许的米回来，希望能用来救急。但是人多米少，颜回与子路便找了一口大锅，在一间破屋子里面，开始为大家熬稀粥。其间，子路因事离开，恰好此时的子贡经过，看到颜回拿着小勺往

嘴里边送粥。子贡心里极不高兴，但他没有上前去质问颜回，而是走到了孔子的房间。

子贡见了孔子，行礼之后，问道："仁人廉士，穷改节乎？"

孔子回答道："改节，即何称于仁廉哉？"意思是说，如果在穷困的时候就改变了气节，那怎么能算得上是仁人廉士呢？

子贡接着又问："像颜回这样的人，该不会改变他的气节吧？"

孔子则坚定地回答子贡说："当然不会。"

于是，子贡便将看到颜回偷偷吃粥的事情，告诉了孔子。

孔子听后，并没有感到惊讶，说道："我相信颜回的人品，虽然你这么说，但我还是不能因为这一件事情便怀疑他，可能其中有什么缘故吧，你不要讲了，我先问问他。"

孔子召颜回过来，对他说道："我前几天梦到了自己的祖先，想必是要护佑我们吧，粥做好了之后，我准备先祭祀祖先。"

颜回听了，马上恭敬地对孔子说道："夫子，这粥已经不能用来祭祀祖先了。"

孔子问道："为什么呢？"

颜回答道："学生刚才在煮粥的时候，粥的热气散到了屋顶，屋顶被熏后，掉了一小块黑色的尘土到粥里面。它在粥里，粥便不干净了，学生便用勺子舀起来，要将它倒掉，又觉得可惜，于是便吃了它。吃过的粥再来祭祀祖先，是不恭敬的啊！"

孔子听后说："原来如此，如果是我，那我也一样会吃了它的。"

颜回退出了之后，孔子回头对几位在场的弟子说道："我对颜回的信任，是不用等到今天才来证实的。"几位弟子由此受到了深刻的教育，非常佩服孔子。

这个故事已经为我们解决了关于误解的难题，那便是信任。生活中，如果我们始终相信朋友是值得信赖的，如果情侣间始终相信彼此是真心相爱的，如果每个人在对某人某事做出判断时，给自己留一个"信任"的前提去求得真相，那么冲动、愤怒、误解便无法绑架我们的心。但很多时候，我们宁愿做情绪的奴隶，也不愿意成为信任的主人。

大多数的时候，人们都不可能像故事中的人一样，有机会给你道出真相，有些真相说出来也未必能够被理解。如果你还未了解，请给予别人理解，如果不能理解，请至少保持沉默。少说一句，便可以减少一次误会与是非的轮回。

有一句俗语是说，眼见不一定为真。很多事情并不是你看到的那样，也并非你想的那样。如果你真的关心那些人与事，用心关注和守候，比你因猜忌而使自己愤怒要强。对于那些并没有完整经历过的事情，没有完全了解过的因果，没有完全理解和包容过的人与事，如果你还做不到完全的信任，那么请保留自己的意见。当你想对一些事情置以否定的态度时，请告诉自己：与其否定，不如祝福。

心理学家指出，习惯于否定的人，总是置自己于烦恼和痛苦之中。与其如此，不如默默地为你眼前所发生的事件祝福，那么一切便都会美好起来。

面对误解，学着信任。希望我们不要在恍然大悟之后，追悔莫及。减少误会、是非、恩怨的蔓延，减少自我的烦恼、痛苦和盲目。让我们用这双明亮的眼睛时刻关注自己的心灵成长，时时祝福外面的世界越来越美好！

总以别人的"标准"约束自己，你该有多累

在生活中，我们常常会不自觉地在乎世俗的眼光，为了得到别人的满意，我们可谓费尽心思：我们小心翼翼地关注别人的眼光，猜测别人的想法，猜想别人的评判……并小心翼翼地行事，唯恐别人指责。但是，即便我们这样小心，还会有人不满意，所以我们又开始为此伤神。其实，在很多时候，我们要完成一件事情根本花不了太多的时间，但是由于太在意别人的眼光，所以将自己搞得身心疲惫。

张瑾自小就是个勤奋好学的女孩，从一所名牌大学毕业后顺利进入一家外企，负责产品的文案宣传策划。为了在职场上保持强有力的竞争力，她经常挑灯夜战，看各类的书籍。有一段时间，她因为情绪低落，没能坚持学习。为了走出低谷激励自己不断上进，她还特意参加了一个学习成长型的俱乐部，里面的成员有很多的厉害人物，尤其是一位传媒界的大佬，他是从一名杂志社的编辑然后经过不断的努力成为一家著名传媒公司的合伙人，事业做得很成功。他的这种经历，让张瑾很惊讶，问他是如何做到的，对方只是告诉她说："当年为了做出成绩，每天早上4点钟就起床看书写作，这一习惯已经坚持了10年。"张瑾听后，深有启发，为了赢得周围朋友和同事的美慕、赞美和夸奖，便暗自将此人设置成了自己的榜样，并埋头行动起来。为了提升自己的文案写作能力，她每天也坚持早上4点起床看书写作。但是一段时间之后，结果却并不尽如人意，她甚至因为无法坚持下去而丧失了斗志，甚至还对自己产生了怀疑。

后来张瑾自己也意识到，自己只是知道对方每天早上4点起床努力，却没有看到他之前经历了多久培养早起的习惯，也没有了解他每天晚上是几点上床休息的，更不知道他的睡眠质量有多高。张瑾之前都是11点半睡觉，早上7点钟起床，而如果她突然将4点起床作为自己的目标，这无疑是对自己身体的一种挑战。即便是前几天她靠着自己的意志力完成了目标，但是要想坚持去做这件事情，对自己的学习却未必有益。

生活中，我们都曾有过类似于张瑾的经历：看到别人在某方面做得好，便开始以对方的标准来约束自己，而从未考虑到自身的生活习惯和身体状况，结果使自己劳心劳力，过得极其拧巴。很多时候，我们看到的光彩亮丽的外表，只是别人希望我们所看到的，可能并不是事情本来的样子。每个个体都是不同的，都能以自己的方式变得不同凡响，而若硬要拿他人的生活标准来衡量自己，就是违背自己的天性，和自己过不去。

在人际交往中，很多人为了讨得他人的喜欢总会拿别人的标准来约束自己。但是，你要知道，你周围有诸多的人，你不可能让人人都对你满意，不可能让每个人都对你绽露笑容。通常的情况是：你顾及这个人的感受，却会有其他的人对你产生不满，甚至根本不领情。每个人的立场、眼光都是不同的，所以我们想要做到面面俱到，不得罪任何人，又想讨好每一个人，是不可能的！

从前，有一位画家，总想画出一幅人人见了都喜欢的画。经过几个月的辛苦努力，他把画好的作品拿到市场上去，在画旁边放了一支笔，并且附上一则说明：亲爱的朋友，如果你认为这幅画哪里有欠佳之笔，请赐教，并在画中做上标记。

晚上，画家取回画时，发现整个画面都涂满了记号，没有一笔不被指责的。画家心中十分不快，对这次尝试深感失望。

画家决定换一种方式再去试试，于是他又摹了一张同样的画拿到市场上展出。可这一次，他要求每位观赏者将其最欣赏的妙笔都标上记号。结果是，一切曾被指责的如今都换上了赞美的标记。

最后，画家不无感慨地说："我现在终于明白了，无论自己做什么，只要一部分人满意就足够了。因为，在有些人看来是丑的东西，在另一些人的眼里则恰恰是美好的。"

此事告诉我们一个道理：无论你做什么，总会有人对你不满意。这与我们做人一样，让别人去说吧，自己只管按照自己的标准和行为准则去做就行了。要知道，嘴巴长在人家的脸上，我们也控制不了。面对别人挑剔的眼光，我们要做的就是调整好自己的心态，懂得与内在的自己和解。

俗话说："人非圣贤，孰能无过。"我们都会犯这样那样的错误。如果你还不能理解这个事实的话，请想一想你会怎样对待你的朋友呢？与朋友相处过程中，你会不会因为一件小错就嘲笑他、鄙夷他，乃至抛弃他，恐怕你不会这样做。你更可能去包容他、接受他、帮助他。那么就用这种态度对待你自己吧。你应该相信："即使我有缺点，我会犯错，但并不代表我一无是处。其他人很可能不会对我的错误介意。即使别人对我的错误无法容忍，也不代表我没有任何希望，只是说明我需要改正罢了。"

所以，无论是哪种场合，对于别人的评论，我们应当学会释然，学会与自己和解。无论在怎样的状况下，都不必活在别人的世界中，时时去担忧别人会怎么想自己，如何看待自己。而是应该学会与自己和解，并且对自己说："哦，没有人注意我，真好!"当你懂得了这种释然，便能够体会到什么才是最真实的、无忧无虑的生活。

先宽恕的人，先得到解脱

别轻易去恨一个人，那是对自我施加的一种"酷刑"。你在恨对方的时候，对方或许会受到痛苦的折磨，而最终真正受尽折磨的却是你自己。所以，生活中与人发生冲突或矛盾时，比如面对他人的故意冒犯、爱人的背叛、朋友的背信弃义、上司的故意刁难等，与其让仇恨在心中酝酿，不如学着去宽恕。很多时候，宽恕别人，也等于在放过自己，使自己得到解脱。

陈丽和高枫可谓青梅竹马，年轻时都曾信誓旦旦地向彼此承诺：这辈子非她不娶，这辈子非他不嫁。

后来，到谈婚论嫁时，因为家庭的种种阻挠让他们的爱情变成了一种折磨。无奈之下，高枫就和另一个女人结婚了。陈丽听到这个消息，感觉自己的心都要碎了，万念俱灰。她想以死来了却此生。然而，正当她准备吞安眠药的时候，心中顿时升腾出恨意来：就这样死去太便宜他了，要活下去，一生不嫁，报复他，折磨他，让他愧疚一生，不安一生，痛苦一生。

那些年，陈丽几乎每天都要到高枫家的门前，她并不做什么，只是不停地去打扰高枫的妻子以及他的孩子。当高枫主动和她搭话，一次次尝试向她道歉的时候，她却置之不理。她能感受到他内心所遭受的谴责，但看看自己孤灯清影的寂寞，她就觉得这一切都是他造成的，他必须要付出代价，她坚持自己的报复。

就这样，陈丽每天都在痛苦中度过，终于在她54岁那年抑郁而终。悲哀的是，直到生命的最后一刻，她也没有感受到报复带给她的任何快感，反而感觉自己的生命太过苍白。她不断地回味、咀嚼着自己的过往人生，她发现自己从来没有快乐过一天。在她内心充满仇恨时，她的冰冷，让所有的朋友都远离了她，而她自己从来没有真正对周围的人笑过。看着满脸的皱纹，满头的银发，她开始后悔，后悔自己将自己的一生都绑在了对高枫的仇恨上，后悔没有体验到做妻子、做母亲的美好……

仇恨只能永远让我们的心灵生活在黑暗之中；而宽恕，却能让我们的心灵获得自由、获得解脱。对别人心存仇恨，最终受折磨的还是自己，而陈丽如果能宽恕高枫，那么，也不至于让自己的一生都落得如此悲惨的下场。

其实，每个人的生活都逃不开这样的规则：所有敌对的开始就是一切悲剧的开始，无论什么时候，你在必须面对的时候，你选择的态度其实就已经决定了整件事的走向和结局。包容和接纳就会是祥和和喜剧，挑剔和敌对就一定是争吵和悲剧。既然你已经知道了结果是什么，那为什么不选择一个好的开始呢？

一位智者曾经这样说过："你必须宽恕两次。一次是你必须原谅你自己，因为你不可能完美无缺；另外你必须原谅你的敌人，因为你的愤怒之火只会让你变得更加愚蠢。"一个人的胸怀能容得下多少人，你就能够赢得多少人。所以，生活中在与他人相处时，要学会宽以待人，对他人不过分、不强求，以宽为怀，能让人时且让人，能容人时且容人。

有一次，几个哥们儿一起到陈林家去看球。

男人看球，总是离不开香烟。直到球赛结束，才发现不知不觉中，陈林和朋友已经抽了三盒烟。陈林的妻子刘晓也一直在身边陪着他们。但是，她竟然什么也没有说，只是在他们不注意的时候，打开窗子，让新鲜的空气进来。陈林一个细心的哥们儿感到很奇怪，便笑着问刘晓："你怎么不制止我们这么抽烟呢？"

刘晓微微一笑，说："我也知道抽烟有害身体健康，但是，如果抽烟能让他快乐，我为什么要阻止？我情愿让我的丈夫能快快乐乐地活到 60 岁，而不愿意他勉勉强强地活到 80 岁。毕竟，一个人的快乐不是任何时候或者金钱可以换来的。"

三个月后，一个哥们儿再次见到陈林的时候，他已经完全戒烟了。问道："为什么？"他憨笑着说："她能那么为我着想，我也不能让自己提前 20 年离开她呀。"

其实，戒烟本来是家庭中的一个矛盾的焦点，但是，因为刘晓的宽容，这个夫妻间的冲突和争吵，就在平静之间烟消云散了。

很多时候，宽恕就是将心比心地谅解对方的过错。仇恨、埋怨等，只会让你的世界越变越小，让你的人生之路越走越窄。既然退一步能海阔天空，我们又何必对眼前的是是非非斤斤计较呢？

莎士比亚忠告人们说："不要因为你的敌人而燃起一把怒火，热得烧伤你自己。"这其实在告诫我们，要学会容纳，学会宽恕别人。与人方便，也是与己方便。生活中，多为别人着想，能够时时将心比心，那么你的人生便和谐了。

别让"嫉妒"沾染心灵，便不会轻易生怨恨

"嫉妒"，是以名利心为出发点，对他人的荣耀、善、美等生起不悦，故意自赞毁他的一种心理作用。关于此，南怀瑾在一次演讲时曾说过，嫉妒能给别人带来麻烦，也会给自己带来痛苦。它是人心中的一个负担，一个人如果总拖着这个负担，这个人定会变得弯腰驼背。同时，嫉妒还会使人变得异常地冷漠，它是人心灵的一服毒药！……我们千万不要沾染它！这告诉我们，嫉妒是一种害人害己的行为，它能使人的心灵变得阴暗不堪，所以，我们要敞开心胸，不要让嫉妒沾染了我们的心灵。

现代社会充满了激烈的竞争，很多人因为不能够适应残酷的竞争，没有能力得到自己想拥有的一切，于是，心中便不自觉地阴暗起来。他们往往不愿意从自身寻找原因，而是一味地抱怨别人走得太快，抱怨命运不公平。对别人的付出，他们却视而不见，也从不主动审视自己究竟付出了多少，一看到别人收获便开始心有不甘，让心中充满烦恼，这无疑是在否定自我的价值，作茧自缚。

一个嫉妒心很重的年轻人，每次看到周围的邻居比自己过得好，心中就生出诸多的怨恨。

有一次，天使来到人间说可以满足他的任何一个愿望，但是有一个前提，必须要将他的愿望的双倍赐给他的邻居。年轻人一听就极为不悦。心想，如果我得到一张桌子，那么邻居就会得到

两张桌子。我要一份田产，那么邻居则会得到两份田产……想到此，年轻人想，与其让邻居得到，还不如让其倒霉呢？于是，他就对天使说："如果你挖去我的双眼，那么邻居是否也能得到一些惩罚呢？"

这个故事听起来确实有些好笑，却是心存嫉妒者最真实的写照。法国作家巴尔扎克说："嫉妒者所受的痛苦比任何人遭受的痛苦更大，他自己的不幸和别人的幸福都使他痛苦万分。"嫉妒之心对嫉妒者之所害，正如铁锈之为害于铁。那些心胸狭窄者之所以避免不了失败的结局，就在于他们心存不良，不愿意别人超过自己罢了。自己倒霉之时，也要别人没好日子过，这样做除了害人害己，真的别无他途了。所以，在生活中，我们一定要摒除这种害人害己的心理，与其浪费时间去嫉妒他人，让自己饱受折磨，还不如静下心来想想自己能够做什么，如何才能做得更好！

哥伦布历尽艰险发现美洲新大陆回到西班牙后，女王为了奖赏他就特地为他大摆庆功宴席。

因为哥伦布出身不好，所以，在酒席上，哥伦布遭到了一些王公大臣、名流绅士的歧视，并且由于嫉妒他所做出的贡献而纷纷出言讥讽。有的说："有什么了不起的，换成我出去航海，一样也可以发现新大陆。"有的说："驾着船，只要朝一个方向航行，不转弯，就一定有新发现！"有的说："这么容易的事情，女王还给他如此高的奖赏，真是不服！"

这时候，哥伦布则从桌上随手拿起一个鸡蛋，笑着问那些讥讽自己的人："各位令人尊敬的先生们，你们谁有能力让这个鸡蛋立起来呢？"

于是，那些内心充满嫉妒而又自以为能力超群的王公大臣，都开始纷纷试着将那个鸡蛋立起来，但左立右立，站着立坐着立，想尽了办法，无论如何也立不住一个椭圆形的鸡蛋。

"哼！我们立不起来，你也别想将它立起来！"大家纷纷把目光盯向了哥伦布。

只见哥伦布不慌不忙地用手拿起鸡蛋，"砰"的一声往桌子上磕了一下，蛋破了，鸡蛋便牢牢地立在了桌子上面。

众人一看，便纷纷骚动了起来，都嚷道："这谁不会呀！简直太简单了！"哥伦布则微笑着对众人说道："是的，这当然很简单，但是，在这之前，你们为什么想不到这样去做呢？"

哥伦布一语便道破了这些王公大臣们嫉妒的心情，他其实就是在变相地告诉他们：与其浪费时间去嫉妒别人，还不如静下心来想想自己能够做什么，如何才能做得更好！

嫉妒是心灵的一剂毒药，而解除这剂毒药最好的办法就是相信自己，别人能做到的事情，相信自己也能够做得到。记住，一旦你对别人产生了嫉妒，首先要承认自己不如别人。你要超越别人，首先要超越自身，要将内心的嫉妒化为一种激发自己潜能的竞争力，坚信别人的优秀并不妨碍自己的前进，相反还给自己提供了一个竞争对手，一个学习的榜样，给自己前进的动力。事实上，当你真正埋头专注于你的事业的时候，你就不会再有时间或精力去嫉妒别人。

要知道，成功并非某个人的专利，它属于每个人，要用欣赏的眼光去看待比自己在某方面强的人，不要让狭隘和烦恼侵袭自己的心灵，让自己丧失气度和修养。如果自己不能拥有，那么就快乐地欣赏别人的拥有，不要让生活变得暗淡，不要因为不如别人就显得落魄和沮丧，上帝对每一个人都是公平的，要用一颗平常心去面对生活中的功名利禄。千万不要让嫉妒的蛇钻进我们的心里，这条蛇会腐蚀我们的头脑，毁坏我们的心灵。将嫉妒的心情转化成激励自己的动力吧，专注于你自己。

第三章

跟生活合得来，跟世界过得去：
接纳负能量，并尝试与它们和解

　　人的生命如硬币的两个面，不仅充满着幸运、欢乐、轻松、欢悦、积极等正面，同时还充斥着不幸、痛苦、忧愁、悲伤、恐惧、焦虑等负面。多数人都觉得负面所代表的这些负能量是生命的一种不完美，它阻碍我们的成长、成功，所以当遇到它们时就会努力抗拒和克服它们，最终将自己拖入永久的痛苦中无法自拔。其实，这些负能量对我们的生命也有极大的帮助和正面意义，它始终伴随着我们的一生，而且它们也不是我们的敌人，它是我们的朋友，我们应该接纳它们，并要感谢它们让我们越来越坚强，让我们体验到生命的无限精彩。

与消极情绪进行对话，并试着与它和解

人们的生活状态很多时候都受自身情绪的掌控。所谓的情绪既是人的一种主观的感受，又是客观的生理反应，具有目的性，也是一种社会的表达。情绪是多元的、复杂的综合事件。情绪构成理论认为，在情绪发生的时候，有五个基本元素必须在短时间内协调、同步地进行：

1. 认知评估：当外界发生或出现某事（某人），认知系统自动评估这件事的感情色彩，因而触发情绪的产生（如看到熟悉的某人去世了，人的认知系统会自动评估这件事对自身产生的意义）。

2. 身体反应：身体自动反应是情绪的生理构成（如意识到死亡无力挽回时，人的神经系统觉醒度降低，全身乏力，心跳频率变慢）。

3. 感受：人们体验到的主观感情（如对于某人死亡，人的身体和心理产生一系列反应，主观意识察觉到这些变化，把这些反应统称为"悲伤"）。

4. 表达：情绪通过面部和声音变化来表现出来，向周围人传达出自己对这一事件的看法和行动意向（如悲伤时会哭泣、紧皱眉头）。当然，表达方式有共通处，也有独有的方式。

5. 行动的倾向：情绪会产生动机（如悲伤时会找人倾诉，愤怒时会吵架等）。

由此可知，情绪是由外部环境刺激到人本身后而产生的一系列的生理与心理的变化。在现实生活中，我们经常会顺嘴说"这段时间情绪很坏或很好"，事实上，情绪并无好坏之分，情绪本身也没有正负之分，但是情绪引发的行为则有好坏之分，情绪所引起的影响有好坏之分。也就是说，情绪具有两极性，一方面表现为肯定的和否定的对立性质，如满意和不满意、喜悦和悲伤、爱和憎等；另一方面则表现为积极的和消极的，即积极情绪与消极情绪。这也说明，消极情绪和积极情绪一样，都是我们对外界所产生感应的正常的一面，当它来临时，我们不要一味地排斥、摒弃它，而是学着去接纳它，并学着与它和解，这样才不至于使它们对我们造成负面的影响。比如你要求孩子在家做作业，而没一会儿，他就趁你不注意开始玩起游戏来。你无意中看到这一幕，顿时暴跳如雷，想过去呵斥一番。依心理学的角度分析，当一个人想要发怒时，你的另一个"自己"就会从你的身体中抽离出来，促使你去对孩子发怒。这时的你，就要学着与那一个"自己"去和解，告诉他："这样做并不能使问题得到解决呀！对孩子发怒，可能会使孩子干脆放弃学习呢！"然后再与它握手言和，达成一致的意义：与其发怒，不如学着去开导他。如此这样，你的怒气就会得以消除，然后还会认真地与孩子进行沟通，引导他主动投入学习中去。

其实，坏情绪并不是我们的敌人，我们要学着友善地对待它，并与它和谐地相处，这样才不至于被它所掌控，做出不理智的行为。

朱晓是一家培训公司的网站编辑，每天的工作内容就是写稿发稿，最近她总觉得工作异常枯燥，整个人郁郁寡欢的。于是她便向学心理学的朋友刘清诉苦。

刘清看着一脸愁苦的朱晓，对她说："请在本子上写下目前使你不开心的事情，或者使你产生负面情绪的事。"朱晓照做，十分认真地罗列了自己最近的烦恼：1. 工作乏味、枯燥，丝毫提不起兴趣。

2. 感觉自己的生活过得寡淡，找不到生活的意义。她觉得这些烦恼不是靠她个人的力量就能够解决掉的。接下来，刘清又问她说："如果这些不好的情绪是你的朋友，你将会如何与它们对话呢？"朱晓说会以反抗或抗拒的态度对待它们，比如会假装让自己愉快起来，将这种不好的情绪压制下去。

刘清默不作声，只是微笑着让朱晓去思考另一个问题："这些情绪或者烦恼，对于你来说，有何意义呢？"朱晓想了一会儿说道："生命中的每个过程，所有的烦恼过后，都会让我得到历练，给我的心灵以力量。"刘清点点头，说道："坏情绪本是我们生活的一部分，它就像感冒一样，时不时地会来打扰我们。我们若以压制或对抗的方法来对待它，它一定会在某一时刻进行反弹，给我们带来不可估量的伤害。而如若与它好好相处，以和善的态度去对待它，我们就不会痛苦了。当然了，一个人要想与自身的坏情绪好好相处，最先要了解它带给我们的积极的一面，比如你觉得工作枯燥、乏味，但正是你在这种枯燥、乏味中的坚持，让你变得更有忍耐力。比如你觉得生活寡淡、无意义，正是因为这样的感觉，才能让你体味到因生活的变化而带来的幸福和快乐感，正是它们的存在，会让日后的你过得更有趣和幸福。学着去拥抱此时郁闷的自己吧，它会让你今后的脚步更有力量，提醒未来的自己更幸福！"

很多人在坏情绪来临时，都会像朱晓一样，想尽各种办法与其进行对抗。比如，在心中认为这样的自己很可恶、很丑陋，尽力地在外人面前保持自己的风度，尽量克制自己不发脾气，殊不知，这样刻意地压制，只会使自己内心崩溃，终有一天，它会找个缘由爆发出来，给自己带来更为可怕的后果。与其如此，不如学着去接纳它，承认坏情绪是我们生命不可分割的一部分，并找出它所带给我们的积极意义，然后以友善的态度去对待它，如此我们便可以安然平静地度过充满烦恼、痛苦的日子，进而慢慢地让自己变得强大起来。

遭遇不幸：与其抗拒，不如学着接纳

天有不测风云，人有旦夕祸福。生命似一场马拉松，每个人在这一过程中都会遇到这样或那样的不幸。面对这些，多数人都会选择抱怨、抗拒，觉得老天对自己如此不公。如此这样，只会将自己拖入长久的痛苦中无法自拔。当不幸降临，与其抗拒，不如先去承认事实已经如此，然后学着去接纳和拥抱痛苦，等消极的情绪一过，你便会发现自己变得更强大了。

刘冲在几个月前被查出自己有患胃癌的可能性，医生告诉她当下的状况很危险。当时的她在走出医院后，感觉整个人一瞬间崩溃了，支撑着自己的神经一下子就崩塌了，拖着酥软的身躯回到了家。从医院到家其实只有一小段路，但她却觉得自己走了很久。内心除了伤心，还有不肯相信，同时内心还有愤怒的质疑："为什么会是我？"

不相信，很痛苦，在三个月的时间里，她都是在这种状态中度过的。她曾向朋友倾诉道："你知道吗？你在那种状态下，身边所有的亲人都在安慰自己说不要害怕，一定会没事的，等等类似的话。但我的耳朵是被屏蔽的，根本听不进去，整个人好似与世隔绝了一般。总觉得自己似一个人，处于黑暗之中，前面没有任何的光亮。"

带着"为何会发生在我身上，为什么是我？"的愤怒质疑，她找到了一个有名的中医询问医治的方法。她先向这位医生倾诉了自己内心的恐慌和痛苦，这位老中医从她愁苦的脸上读出了其内心的焦虑，便对她说："你的这种病就是心态出了问题，很多人都是被自己吓倒了，然后早早地放弃自己，结束了还可持续的生命。你现在想去上班就去上班，一切照常，只不过要有规律地按时吃饭，不要顾虑太多。"这位老中医的话让她开始思考，关于自己面对疾病的心态问题。在那么痛苦的坚持中，突然有一天她在思考与冥想阅读中领悟了："我要好好地接纳自己身上发生的一切，别人又不能替我，我与其每天在恐惧和慌乱中生活，不如开开心心地去面对。时间都是一样的，痛苦恐慌可以过一天，开心也是过一天，痛苦与恐慌不能解决任何问题，还不如好好珍惜剩下的时光，去做些自己想做的事情。不健康的胃是我身体的一部分，我应该好好地与它相处，好好地拥抱它，积极地去面对它。在我32岁的这一年，让我知道了自己的身体状况，而不是到后来才知道，这也是一种庆幸，这样就可以让我有时间将危险降到最低，也在另一方面让我更加珍爱生命。"

的确，当人遭遇不幸，恐惧、慌乱、痛苦、烦恼都是无法从根本上解决难题的，与其如此活活地折磨自己，不如学着与自己和解，与"不幸"的自己好好相处，拥抱不幸，将它们看成丰富你生命的一种历练，这样你便可以安然且平静地穿越不幸。

作家史铁生大半生都在忍受病痛的折磨，他曾经在散文中写道："生病的经验是一步步懂得满足。发烧了，才知道不发烧的日子有多么地清爽。咳嗽了，才体会不咳嗽的嗓子多么安详。刚坐上轮椅时，我老想，不能直立行走岂不是把人的特点搞丢了？便觉天昏地暗。等又生出褥疮，一连数日只能歪七扭八地躺着，才看见端坐的日子其实多么晴朗。后来又患尿毒症，经常昏昏然不能思想，就更加怀恋起往日的时光。终于醒悟：其实每时每刻我们都是幸运的，任何灾难面前都可能再加上一个'更'字。"他的这种对待灾难的态度，已经达到了一种境界。史铁生因为下肢瘫痪而长年依靠轮椅生活，这是他比常人的不幸之处。但正因为如此，他才比正常人更加深切地感受和意识到身体的存在。由于行动不便，外在社交也就更少，因此他才得以有更多的时间与自身相处。常年备受疾病的折磨而旷日持久地与死亡进行抗争，使他对生死的领悟达到了一般人所不能企及的深度。他曾经说过，当痛苦一天天地逼近，你唯一能做的就是臣服，无条件地接受，并且好好地拥抱那个痛苦的自己，如此才能做到：身苦，心不苦。

你的拧巴源于总在自己的世界里假装做"自己"

随着现代生活压力的增大，每个人都想获得他人的认可和肯定，于是我们总是违心地在他人面前伪装成完美的人：明明我们不善交际，却要将自己装扮成光彩照人的样子，假装去与他人打成一片；明明自己不情愿，但为了扮演好老好人的形象，违心地答应别人的一些请求；内心其实很痛苦，却要在脸上装出一副心情大好的样子……最终搞得自己身心疲惫，离真实的自己越来越远，内心也常在纠结、无奈中痛苦不堪。其实，这所有的拧巴、纠结源于你总在自己的世界里伪装真实的自己。

今年 36 岁的刘洋是上海一家大型企业的法律顾问，如今的他家庭和谐，事业有成，可他内心却感受不到丝毫的快乐。原来，他在单位是个老好人，是上司眼中踏实肯干、值得信赖的员工；在同事眼中，他是乐于助人、内心善良的合作伙伴；在下属眼中，他也是和蔼可亲的好领导。工作十几年了，刘洋一直都尽可能用百分之百的努力，试着给周围的人留下一个好印象。但实际上，他几乎是每时每刻都处于痛苦和纠结中的人。他无法独处，因独处时会感到致命的孤独，这份孤独感让他窒息，让他觉得生活没有任何意义。在这种精神的折磨下，刘洋患上了严重的神经衰弱，每天只能睡几个小时。无奈之下，他走进了心理咨询室。

他对心理师说出了他心中的苦闷："我最接受不了的就是拒绝别人后，别人对自己表现出的那种失落、绝望的样子。所以，无论是在工作中还是在生活中，我对其他领导和同事都是有求必应，我让他们高兴了，却经常会让自己陷入绝望和无奈中。尤其是夜深人静的时候，我时常会感到孤独难耐，觉得周围没有一个可以说真心话的人……"对此，心理师说："这主要是因为你一直在否认那个孤独而不善交际的真实的自己，总觉得自己不应该是那个不完美的样子，并且，你脑海中有一个完美的自己，你一直期待自己是那个样子，然后就在现实中违背真实的自己，扮演那个自己心中幻想中的'完美的样子'。"刘洋听后，点了点头，觉得心理师分析的正是内心深处那个"纠结"的自己。

接下来，心理师给刘洋开出了具体的治疗方案：去面对真实的不完美的自己，并且为人做事都要依自己的心灵。刘洋按照心理师的说法去做，他开始凭借知觉和内心的真实感受去与人共处，他自如地选择，或者满足别人，或者拒绝别人，或者支配别人，或者顺应形势，他不再违心地去强颜欢笑，不再违心地参加自己厌烦的各种应酬……他所做的每一个行为都是自己内心发出的最为真实的声音。有意思的是，无论他如何选择，领导、同事、下属对他同样都有着极高的评价。这几天，他感到如释重负，感觉到了心灵真正的自由。此时的他也真切地感受到，以前的那种行为和状态是多么糟糕。这种落差让他忍不住想：既然自己明明可以活得轻松和自由，却为何偏偏坠入地狱般的感觉无法自拔。

在现实生活中，多数人都有着如刘洋一般的经历：为了获得外界的认可，违心地扮演和维持着一个"完美的形象"，违心地做一些自己并不愿意做的事。内心深处，他一直不愿意接受自己最真实的样子——充满孤独、自卑的内心，他渴望成为完美的样子，他这样做，无非是想得到别人的一句评价：那个人真不错。如此一来，他内心始终处于痛苦中，他的灵魂也就扭曲了，生活也过得极其拧巴。

生活中，追求完美是人的一种心理特点，或者说是人的一种天性，按理说，这并没有什么不好，人类也正是在这种追求中才不断地完善自己，创造出了这个五彩缤纷的世界。但是凡事都要适度，不要总是过于违背自己的本意，使心灵扭曲，否则，你会陷入无限的痛苦之中无法自拔。当然，要想拯救过于追求完美的自己，就要静下心来"重新审视自己，认识自己"，并开始学着接纳自己身上原来的"不完美"，你必须要承认自己身上的缺点，拥抱那个并不完美的自己，并活回自己本来的面目，让心灵得到自由的释放，让自己也获得轻松、快乐。

与"坏习惯"讲和，然后再改掉它

"本来计划好了每周要做 5 次运动，但一周过去了，计划还未实施一次。周末的时候，觉得自己本来超标的体重又增加了 3 斤，觉得懒惰的自己真像是个黑洞，可怕极了！"

"星期天本来答应上司要将市场报告写好，发到他邮箱的，可一上午过去了，自己竟然看了一上午的电影。到了下午，又开始不停地浏览购物网站，眼看天就要黑了，市场报告竟然一字还未写，心里开始不停地担忧明天如何跟上司交代，就这样，内心越是焦虑，越是一个字也写不出……一天过去了，内心充满了恐慌感和挫败感！"

"与丈夫说好了从此以后不再当着孩子的面吵架的，可是晚上看到丈夫回家将鞋子和袜子一团乱扔，顿时气不打一处来，对着屋里正在打游戏的老公一阵乱吼！孩子又一次被暴怒的我给吓哭了！"

生活中，我们因为缺乏自控力，似乎总是被坏习惯所掌控，给自己带来了诸多的烦恼和痛苦。当下很流行一句话，即败在不自律，赢在自控力，说的就是人们要通过强大的自控力去改掉自己的坏习惯或坏行为，从而成就卓越的自己。但实际上，要练就强大的自控力并非一件易事，也不是一种好的改掉坏习惯的方法。更何况，从心理学的角度分析，用自控力去强制自己改掉坏习惯，是一种与自我对抗的过程。但凡是与自我进行对抗的行为，都不能从根本上改变自己。要想真正地改变自我，就要学着从与自我和解的角度着手，即先承认坏习惯是我们本身的一部分，学着接纳它，然后再慢慢地去消除它。

武志红在《感谢自己的不完美》中提及："每个人做任何事情最终都是为了满足自己的一些深层需要，每一个负面的、损害性的行为背后都有一个正面动机。如果认真聆听我们内心的声音，你就会发现，生命中每一部分都是你的朋友，都是为了帮助你更好地生活。当你理解这一点时，你便会带着感激的心去面对你本来仇视的缺点和恶习，并将它们当成朋友一般来看待。这时，你就不会像对待敌人一般去击败它，而是去接纳它们、了解它们。这其实是你人格的一部分，或者说是你的一个'次人格'，当你这样去做时，这个次人格中所蕴含的能量便会被我们所接受，成为我们生命中的一部分。"也就是说，若我们将坏习惯当成朋友去接纳，然后认清楚它们对你或为你所带来的种种"危害"，然后使自己真正地屈从于正确的行为，从而慢慢地改掉你的坏习惯。

周薇是一家杂志社的编辑，她打算要在周末完成一篇稿子，否则周一就会打乱公司整体的杂志出版计划。但是真正去写时，她却呆呆地在电脑前，脑子里面一片空白，一个字也写不出来。她一会儿打开游戏玩几局，一会儿一遍遍地刷新新闻网页。两个小时过去了，她开始强烈地谴责自己，发誓再也不做这些无聊的事情了。但过了一会儿，她刚写了几个字，又开始刷新娱乐新闻网站了。她觉得这样强制自己去写，到天黑可能也敲不出几个字。她打算换一种方法，她认识到，与其强迫自己，不如先让自己静下心来聆听自己内心的声音。这时她仿佛听到自己内心的"另一个自己"在大喊：你整天写稿件，生活过得如此枯燥、无味，你确实需要好好地休息和娱乐一下了。于是，她静下心来对自己说，我一定会去休息和娱乐，但必须要先将手头的工作做完才行。如此一来，她便发现那些让她分心的想法不再纠缠她了，与之抗争的"另一个自己"被她这话给"训服"了。在这样的状态下，周薇集中注意力，很快地完成了她的工作任务，将稿件发到主编的邮箱后，整个人感到从未有过的轻松。从此之后，每当她想拖延某件事的时候，便用这种方法来"与自己和解"，慢慢地，她的这种坏习惯便改掉了。

可见，面对自己的"坏习惯"，与其以胆怯、苦恼、愤怒等脆弱的一面对之采取无视或者排斥的态度，不如学着主动与其和解，将它看成你人格的一个部分，然后用内心的声音与其讲道理，最终达成和解，再平静地改掉自己的坏习惯。

理性认识焦虑，并学会调节

生活中，焦虑也是一种消极的情绪。随着生活节奏的加快和压力的增大，越来越多的人常被焦虑所缠绕。面对焦虑，很多人都采取对抗的方式与其相处，比如恨自己为何会如此沉不住气，在心中默念"让它过去吧，让它过去吧"等，这种对抗不仅无法驱赶焦虑，还会将你拖入焦虑的泥潭无法自拔。

从心理学的角度看，要想祛除焦虑，最好的办法便是理性地认识你的焦虑，然后试着与焦虑情绪握手言和。焦虑是人类与生俱来的一种情感体验，所以，生活中99%的人都会为了这样或那样的事情而焦虑。心理学家曾将人分为理智人、原始人和纯真人，而焦虑情绪的本质其实就是理智人和原始人发生冲突了。比如，工作中，你很渴望成功，但不顺利的现实将你的那种渴望压制住了，这时，你就会感到恐惧，进而变得焦虑不安。所以说，焦虑是一种极好的防御机制，它是在提醒你的现实生活出现了问题，仍然需要做出一定的改变才能让生活回归平常。所以，当你自身感到焦虑时，要学着以平和的态度拥抱它，学着与它和解，而不是一味地对抗，让自己越来越痛苦。

弗洛伊德在其著作《抑制、症状与焦虑》中，将焦虑情况分为三种，即现实焦虑、道德焦虑和神经焦虑。

1. 现实焦虑，指人类对现实世界中危险因素的恐惧。当我们担心外部世界会发生一些危险时，大脑就会给我们发出信号提醒我们，警惕我们，这个信号就是现实焦虑。比如，在很高的悬崖上行走时，你会感到担忧、害怕；一个人在家待着怕被盗窃；在陌生的城市突然没有安全感；在考试前的焦躁不安；向爱人表白前的焦虑不安；与陌生人见面前的种种担忧；面试前的忧虑等，都属于现实焦虑。

2. 道德焦虑，指一个人在做错事，或者自己认为自己做错事时，其内心就会产生内疚、羞愧以及自卑感。而焦虑是对来自自身良心的惩罚的恐惧。比如，我们会因为在上司面前说错话而忧虑不止；你对自己曾经做过的错事而羞愧难当；对自己内心的一些不道德的想法而焦躁不已等，都属于道德焦虑。

3. 神经焦虑，它是现实焦虑的升级版，但它藏得很深，我们难以意识到。每个人对爱情、财富、成功、权力等都有强烈的欲望，当这些欲望和恐惧被大量释放时，很容易让我们濒临崩溃，此时，大脑所发出的信号使神经焦虑。

生活中，你会莫名地感到焦虑，但是你却找不到焦虑的源头，甚至根本不知道自己在焦虑什么。认清楚了焦虑情绪的分类，你就可以根据自身的状况理性地分析出自己焦虑所产生的原因了，接下来，你就要认识到焦虑对我们自身并非毫无益处。丹麦哲学家克尔凯郭尔，一生都处于强烈冲突的"非此即彼""恐怖与战栗"中而极度焦虑，但他却成了史上探讨焦虑第一人而且卓有成效。美国心理学家阿尔伯特·艾利斯，年轻的时候在多方面有严重焦虑，但他成功自救并发展出一套简单有效的心理治疗方法——理性情绪行为疗法。现实生活中，焦虑是一种极好的防御机制，它是对有问题的现实生活最好的警示，它提醒你要做出改变了。也就是说，当你意识到自己处于焦虑中的时候，别急着去否定它，当然也没必要肯定它，而只是去感受它。就像我们身体生病一样，只有接受这个生病的事实，然后搞清楚问题出自哪里，再对症下药才能解决病痛。在无条件接纳的前提下，对引起焦虑的认知进行自我对话，发现那些认知不合事实、不合逻辑、对自己有害无益等问题，然后再进行重新审视和思考，从根本上消除焦虑。

祛除自卑感：一个人炫耀什么，说明其内心在意什么

每天刷朋友圈的人，可能都有类似的体验：谁谁正在某高档餐厅吃大餐，谁读了什么书，哪个朋友去哪里旅游了，哪位同学最近参加什么重量级的会议了……在朋友圈里，大家似乎都在向周围的人表明自己的生活过得有多好。但是，心理学上有一个论点是说，一个人炫耀什么，说明他内心缺少什么。从心理学的角度分析，一个人炫耀，是因为他曾经缺乏，而如今拥有，而且拥有之路来得有些艰辛，倘若不为人所知，锦衣夜行，哪里对得起自己曾经付出的种种辛酸呢？一个人在炫耀的同时，也表明了其内心是不够丰盈，因为自卑、脆弱，所以害怕别人看穿其内在，所以要以炫耀的方式

向他人表明：我不缺这个，我拥有它们。对他们来说，这种方式似铜墙铁壁一般，能将自己内在的脆弱和自卑深深地禁锢和武装起来。

对此，亦舒说过这么一句话："真正有气质的淑女，从不炫耀她所拥有的一切，她不告诉人她读什么书，去过什么地方，有多少件衣裳，买过什么珠宝，因为她没有自卑感。"这句话也向我们道出了这个道理：一个人炫耀什么，说明其内在自卑什么。

有一位看上去很普通的女作家被邀请参加笔会，坐在她身边的是匈牙利一位年轻的男作家。男作家看看身边这位衣着简朴、沉默寡言、态度谦虚的女士，并不知道她是谁，男作家认为她只不过是一个不入流的作家而已。于是，他有了一种居高临下的心态。

男作家主动上去搭讪："请问小姐，你是专业作家吗？"女士看着他，回答说："是的，先生。"男作家于是立马询问道："那么，你有什么大作发表吗？能否让我拜读一二。"那位女士听到他的话，很淡然地说："我只是写写小说而已，谈不上什么大作。"男作家听到此处，心里面开始扬扬自得，更加证明了自己的判断。

男作家继续问道："你也是写小说的？那我们算是同行了，我已经出版了339部小说，请问你出版了几部？"女士听到他的问话，很镇定地说："我只写了一部。"男作家听到女士说只写了一部，有些鄙夷地问："噢，你只写了一部小说。那能否告诉我这本小说叫什么名字？"女作家平静地说："《飘》。"狂妄的男作家顿时目瞪口呆。女作家的名字叫玛格丽特·米切尔，她的一生只写了一本小说。

那位文中的男作家至今已经无法考证，但是从心理学的角度分析，他在炫耀自己作品多的同时，也表明了他内心很在乎自己的声望。而玛格丽特·米切尔因为充满了自信，所以她始终默不作声。在男作家询问时，当她说出"飘"那个字的时候，便可以想象，她之所以如此的平静是因为有强大的自信在支撑着她，正如老子所言："善者不辩，辩者不善。知者不博，博者不知。"

人的身体和灵魂都遵循能量守恒定律。生活中，当我们在向他人炫耀的时候，其内在的自卑、脆弱便会被我们压抑，但它终究要在身体的别处去找出口。所以，医学上曾指出，长期生活在压抑状态的人易生癌，这是身体灵魂压抑的某种抗议。从这个角度上讲，经常爱向他人炫耀，对自身的健康也是无益的。要想使自己从"自卑（脆弱）——炫耀（张扬）——自卑（脆弱）"的恶性循环中解脱出来，我们就要学会与内在的自己和解。当我们因为某事或物而感到空虚或自卑时，我们与其去向外人炫耀，不如先去承认自身的不完美，承认自己在某件事或物面前是不自信的。问一问自己，为何会在他们面前自卑或脆弱，然后再静心地享受拥有或得到它们后的感觉，从而使自己的心灵获得丰盈和成长。慢慢地，你内心的自卑感便会消失，心灵也会变得有力量。

与压力和解：没有压力便没有动力

上天在给我们创造众多机会的同时，也给我们带来了许多压力。在现代社会中，我们常感到压力无处不在，它令我们焦虑、痛苦。很多人都会采取压制的态度对待压力，将它深埋于心底，默默承受，这不仅不利于自身的健康，而且从心理学的角度分析，一个人若被压力折磨久了，总有一天会以某种方式来一次井喷式的大爆发，可能造成极其严重的后果。为此，对待压力最好的办法便是学着与压力和解，学着接纳压力。

要做到这一点，你要认识到压力虽然是一种不好的心理体验，但同时它也是激发人的斗志与内在激情的重要因素。如果在生活中，我们能够改变心态，将压力转化为能激发自身激情的内在动力，那么焦虑与痛苦便不存在了。

在非洲中部较为干旱的大草原上，生活着一种短翅膀、短脖子的巨蜂。这种蜂体形肥胖臃肿，但是它能够在非洲的大草原上连续飞行约250公里，而且，飞行高度也是一般蜂类所不能及的。它们极为聪明，平时就藏在草丛或者岩石的缝隙中，一旦有了食物后就会立即振翅飞起来。尤其是当发现生活的地区将面临极度干旱的时候，它们就会成群结队地迅速逃离，向一些水草丰盛的地方飞行。

科学家们将这种飞行本能极为强健的蜂称为"非洲蜂"，并对其充满了好奇。因为根据生物学家们的理论，这种体形肥胖臃肿而且翅膀短小的蜂的飞行本能应该是最差的，甚至连鸡、鸭都不如；用流体力学来分析，它们的身体与翅膀的比例根本不能够起飞，即便将它们扔到半空中，它们的翅膀也不可能产生承载肥胖身体的浮力，因而它们会立即掉下来摔死。

但是，事实证明，这种"非洲蜂"不仅能飞，而且还是蜂类动物中，飞行能力最强健、飞得最远的物种之一。最终，哲学家对此给出了合理的解释：非洲蜂虽然天资低劣，但它们只有学会极为强健的飞行本领，才能够在气候极为恶劣的非洲大草原中生活下去。简单地说，非洲蜂如若不能飞行，它们面临的处境只有死路一条。

非洲蜂的故事告诉了我们什么叫"置之死地而后生"。非洲蜂的飞行本领更让我们相信，只有压力才能产生超强的能力。

科学家说，人在巨大的压力下，身体中会分泌出大量的肾上腺素，可以激发人无尽的潜能，可以促使人跑得更快，跳得更高，力量也会更强，从而做出惊人的壮举。当人处于顺境或宽松的情况下，是不可能突然爆发出这种惊人的潜能，做出惊人的成就的。所以，我们平时的很多成绩都是压力作用下产生的。

工作中，在时间紧迫的情况下，面对着大堆的工作任务，我们常会为此焦虑、担忧。但是，如果你能够转变观念，合理地规划时间，这种压力也是可以转化为工作的积极性的。

李萍在一家著名杂志社工作，两年多来，工作还算舒心，但是最让人心焦的就是每周的写作任务，必须要在一周内交出一定数量的稿子来，这确实给她带来了巨大的精神压力。但是，后来她发现，这种压力竟然成了自己工作的动力。

在很多情况下，她自己觉得：在规定的时间内创造的效率比自由散漫的情况下创造的效率要高得多。比如说，她本打算要用 3 天时间去完成一篇文章，在这期间，她可能会去查资料，搞写作，很是繁忙，但是最终写出来的东西也不一定能获得主编的认可。如果领导规定她必须要在 1 天时间内保质保量地将文章交上去，否则将会被解雇。在这种情况下，压力尽管是巨大的，但她反而能够写出一篇精品论文来，在极短的时间内反而能够激发出她的灵感。

很多时候，在"绝境"之中，李萍的效率反而要比以前提高很多。领导对她的要求高了，她的写作水平也自然提高了许多，先前的压力也自然就不存在了。

时间的紧迫原本给李萍带来了巨大的精神压力，但是，这种压力在她内心引起了波动，能够调集她脑海中所有的思想甚至潜意识的力量去完成工作任务，在这种情况下，她的写作能力当然会提高，这在心理学中被称为"最后通牒效应"。

其实，人都是有潜能的，只是在平常的情况下发挥不出来而已，如果你能利用工作中的时间压力将自己的潜能激发出来，那么，压力则会成为你工作中的动力。所以，当我们在生活或工作中，因为压力而产生焦虑或痛苦的情绪时，一定要及时地更新观念，不要将压力仅仅看成我们的仇人，将之看成激发我们个人潜能的"恩人"，那么，压力就会迅速转化为你挑战自我的动力，最终让你以更为积极的心态去应对工作，最终做出惊人的壮举。

要知道，一个真正勇敢的人，是会时时接纳和拥抱压力的，他们会将压力看成练就自身意志的机会。其实，生活给人们的压力越大，就越能够激发人们的潜能，磨炼人们的意志、品格、力量与决心，使其最终成为一个更为卓越的人。

身体的缺憾给生命以动力

在生活中，你是否会因为自己比别人矮而自卑？你是否为自己缺乏健美的身材而气愤不已？你是否因为自己某方面的缺憾而自怨自怜？……如果是的话，请不要以这种"抗拒"的心态对待你的生理缺憾，要学着去接纳它们。你的眼睛别总是盯着这些身体的缺憾带给你的消极影响，而是要将缺憾变成我们奋斗的动力。

小富兰克林·罗斯福天生口吃，说话断断续续、含糊不清，而且天生容易紧张，每当有人与他说话，他的脸上总是表现出极为惊恐的表情，全身会不时地发抖。

和他一样年龄的小朋友如果遇到这种情形，定会拒绝各种活动，可能也会离群索居，不愿与他人交往，顾影自怜，唉声叹气。然而，罗斯福却没有这样做，虽然他天生容易紧张，但是他能够积极地面对人群，即便是同伴们嘲笑他，他也不以为然。每次在紧张时，他会坚定地对自己说："只要我用力地咬紧牙关，努力不颤动，不久我就能克服紧张的情绪了！"

小小年纪的罗斯福，每天总能够坚定地告诉自己说："这些缺陷算不了什么，咬咬牙努力克服，就能收获生命的精彩！"每当看到其他的小朋友活力十足地参加各种公共活动时，他都强迫自己参加，无论自己的口吃会招致多少人的反感！当恐惧产生时，他都会对自己说："我一定能行！"渐渐地，他克服了自己的这些生理缺陷，并且凭着这种奋斗精神与自信，最终成为美国第 32 任总统。

对此，他说："交朋友是一件极为快乐的事情，只要我用快乐的态度与人交往，即便本身的外在形貌再差，人们也仍然会愿意与我交往。因为每个人都喜欢快乐，不是吗？"

面对生理上的缺陷，罗斯福并没有陷入悲伤之中，而是学着拥抱它们，并将它们转化为生命前进的动力，最终收获了成功和快乐的阳光。所以，我们不要因为身体的缺陷而自暴自弃、悲观厌世，因为除了你自己，没有人会刻意注意你的缺陷，只要让心中充满自信，一样能够获得精神上的自由与快乐。

如果面对这些先天的缺陷，你还认为自己很不幸，那就再想想海伦·凯勒的人生经历吧！在不幸面前，她没有气馁，更没有悲观，而是利用自己有限的资源，最终成为美国著名的作家。如果你觉得那些名人还不够使自己得到安慰，那么就看看下面这个平凡的故事吧！

有一对盲人夫妇，他们都是在两三岁的时候，因为患天花而致盲的。小时候，他们俩都因为不能像正常人一样看到五彩缤纷的世界而自卑，他们虽然有眼睛，却看不到这个美丽的世界，这是多么令人遗憾的事情啊！但是，他们没有因此而郁郁寡欢而消极地面对人生。从小就喜欢唱歌的他们，经常用歌喉来歌颂美好的生活。当他们十岁左右的时候，就开始学习乐器，参加了一个工厂的宣传队演出。在当地，他们的演唱十分有名气，后来他们就走到了一起，他们坚持用歌声来讴歌美好的生活，歌颂身边的好人好事，还经常在电台向人们展示他们美妙的歌声。两个盲人都精通各种乐器，他们一人弹奏乐器，一人演唱，并积极参加各种比赛，还得过各种奖项。他们将这种生理上的缺憾变成了前进的动力，他们的生命也散发出熠熠的光辉……

其实，面对缺憾，我们能做的，就是坦然接纳。即使我们暴躁地摔东西，那也是于事无补的，伤痕并不能自动愈合。但是，你的生活并不会因为这些遗憾的存在而消失，只要你愿意，你随时可以发现，它们就在身边。别人怎么看自己不重要，重要的是自己敢于接受曾经的痛苦，这样你才能重新找到快乐，甚至扭转别人对你的看法。

如果你真的难以走出困境，那么你不妨求助于朋友或心理医师。失意时候，人最需要的就是开导。朋友、家人温馨的话语，会平复你的悲痛惆怅，淡化你的烦恼失意。不过，别人的开导只是辅助，要真正达到心平气和还需我们进行自我调整。最重要的，还是坦诚面对伤痕，敢于接受曾经的伤痛，这样，生活的阳光才能照进心田。

接纳"折磨"你的人，他们是你成长的巨大助力

在生活中，每个人都曾遇到过来自别人的折磨：上司的百般刁难、同事的冷嘲热讽、外人的风言风语……一些人会对这些折磨心存怨恨，最终苦的却是自己的心。而另一些人却学着去接纳它们，在心里与它们和解，这些人能够淡定地看待这些所谓的刁难、责怪等，并时时督促自己不断上进，最终成就了卓越的自己。

成功学大师卡耐基说："一个人在饱受折磨的背后隐藏着未来的成功，折磨也是人生所需要的，它和成功一样有价值。"一位哲人也说过，任何的学习，都没有一个人在受到屈辱和折磨时学得迅速、深刻和持久，因为它能使人更深入地了解社会，接触社会现实，使个人得到提升与锻炼，从而为自己铺就一条成功之路。如此说来，当我们在生活中遭受批评、抱怨时，不但不要消极抱怨、以牙还牙，相反，我们还要感激那些折磨过我们的人。正是因为他们的存在，才使得我们的生命充满了机遇和挑战，充满了转折和收获。如果你能够以感激的心态去对待那些折磨过你的人，那么，你就不再是一个悲观消极、面对苦难掩面而泣的人，而将成长为一个无往不胜的勇士。

美国独立企业联盟主席杰克·弗雷斯，他从13岁开始就在一家私人加油站工作。弗雷斯刚开始想学修车，但是店老板只让他在前台接待顾客，打打杂。

老板是个极为苛刻的人，每天都不让弗雷斯闲着。每当有汽车开进来时，都会让他去检查汽车的油量、蓄电池、传动带和水箱等。

随后，老板又会让他去帮顾客擦车身、挡风玻璃上的污渍。有一段时间，每周都有一位老太太开着她的车来清洗和打蜡。这个车的车内踏板凹得很深很难打扫，而且这位老太太极难说话。每次当弗雷斯给她把车清洗好后，她都要再仔细检查一遍，让弗雷斯重新打扫，直到清除掉车上的每一缕棉绒和灰尘，她才会满意。

终于有一次，弗雷斯忍无可忍，不愿意再侍候她了。店老板却在一旁厉声斥责他说："你不愿干就赶快滚，这个月领不到任何报酬，你自己看着办吧！"弗雷斯心中很是痛苦，回家后就将事情告诉了父亲，父亲却笑着告诉他："好孩子，你要记住，这是你的工作责任，不管顾客与老板说什么，你都要尽力做好你的工作，这会成为你的一笔人生财富。"

在以后的日子，弗雷斯谨记父亲的话，不管老板与顾客怎么刁难他，他都会以微笑视之，并努力将事情做好。几年后，弗雷斯就凭借自己的各种基本洗车技术以及其在顾客中的良好表现，开起了自己的店面，并最终取得了成功。

其实，弗雷斯的成功与他懂得感激那些"折磨"自己的人有着极大的关系。"吃一堑，长一智"，那些让你吃一堑的人正是给你长一智的客观条件。你为什么不对其心存感激呢？学会接纳并感谢"折磨"你的人，就注定了你与成功结缘。

在生活中，你是否有这样的感受：你往往会因为上司的一句批评或对你的错怪误解，萌生出要成功的念头？你的父母可能因为不够关心你而与你产生了隔阂，你会因为他们的一句批评从而萌生要出去做一番事业的念头？从心理学上来说，当你受到打击超过了你心灵所能承受的限度的时候，就可以爆发出一种力量，这股力量会驱使你要向他们证明：你能够成功，你可以做出个样子给他们看。

所以说，这个世界上比经受"折磨"还痛苦的事情就是从来没有被人"折磨"过。

生活中，每个人几乎每天都会受到"折磨"，而每一次"折磨"都代表你又要进步了，所以，我们要对那些"折磨"我们的人心存感激，因为他们让你能够时刻检讨自己，哪些地方做得不好，哪些地方需要改进，让自己变得更坚强、更优秀。如果说，对你好的人是在"帮助你成功"，那么，"折磨"你的人则是在"逼迫你成功"。为此，我们从现在起，就应该时刻对"折磨"你的人心存感激，它让你能够得到更为迅捷的发展，只有这样，我们才能在"折磨"中体会到一种幸运和满足，才能使看似纷繁芜杂的生活变得更为鲜活、温馨和动人。

第四章

百因必有果：你所失去的，
终会以另一种方式归来

万事有因必有果，这便是"因果定理"，世间万物，无论做人做事，无不是遵循这一规律。它像牛顿的万有引力一样，无处不在地控制着生活的方方面面。为此，要想活得淡然，就必须要遵循万事的因果。

生活中，当你审视自身时，你会发现你的情感、事业、家庭、人际关系等生活各方面所得的"果"，都是自己在过去种下的"因"所决定的，你人生的峰回路转、柳暗花明、惊喜的改变等无不是你在不经意的瞬间的"付出"的结果。所以，当你失去什么时，切勿过分悲伤，你若过去没"付出"，那样东西亦不会属于你，而你若曾经"付出"过，那就请相信，即便失去也只是暂时的，它终会以另一种方式归来。

你生活中所有的"偶然"，只不过是化了妆的"必然"

　　人生充满了偶然的际遇，你永远无法确定下一秒会发生什么，而苏格拉底则认为每一件事都有一个确定的理由，每一个结果都是由特定的原因导致的，你今天所发生的一切都不是偶然的产物，而是与昨天的历史息息相关。

　　在一个风雪交加的晚上，一位名叫约翰逊的人因为汽车"抛锚"被困在郊外。就在他万分焦急，需要有帮助的时候，一位骑马的男子正巧经过这里。见此情景，这位男子二话没说，便用自己的马帮助约翰逊将汽车拉到了小镇上。事后，当约翰逊激动地拿出一沓厚厚的钞票酬谢对方的时候，这位男子却说："我不需要回报，但你必须要给我一个承诺，当看到别人有困难的时候，你也要尽力去帮助他人。"于是，在后来的日子，约翰逊便不计回报地主动帮助了许多人，并且每一次都没有忘记转述那句同样的话给所有被帮助过的人。

　　在许多年之后的一天，约翰逊被突然暴发的洪水困在了一个孤岛上，一位勇敢十足的少年冒着被洪水吞噬的危险救了他。当他感谢少年的时候，少年竟然说出了那句约翰逊曾经说过无数次的话："我不需要回报，但我要你给我一个承诺……"

　　顿时，约翰逊的胸中涌起了一股暖暖的激流："原来，我穿起的这根关于爱的链条，被周转了无数的人，最终经过这位少年又还给了我！"

　　这是一个"种善得善"的因果故事，对于约翰逊来说，他在与人为善的时候，并没有要求回报，但是在许多年后的一天，当他的人生遇到困难的时候，他之前种下的"善因"又给予了他及时的回应。其实，不仅生活、人生遵循因果法则，我们所有的思想、行为等，都逃离不了因果定理的约束。正如苏格拉底所说，人生并没有偶然，你所认为的所有的"偶然"，不过是化了妆、戴着面具的必然。

一位徒步旅行者，在登山的途中遇到了一个采药的农夫，躺在半山腰，奄奄一息，似乎快要饿死了。此时精疲力竭、饥肠辘辘的旅行者，拿出自己两天都舍不得吃的粮食救活了农夫。结果，那位被救活的农夫什么话也没说，便匆匆下山去了。

旅行者懊悔极了，此时的他已经体力耗尽。他觉得自己根本不值得费力地去将自己仅存的一点救命粮喂给那个农夫。

几个小时之后，当旅行者又累又饿寸步难行时，一个年轻人追上了他。年轻人说，谢谢你刚才救了我阿爹，阿爹回家后再三嘱咐我带些东西来，说你用得着。说完，年轻人拿出了干粮和水，并且还将旅行者送下了山。

万事皆因果，你当下的一切境遇，都是在之前种下了某种"因"的结果。比如，人生 30 多岁的危机，都隐藏在 20 多岁的选择中；你当下的事业顺利，都是之前付出努力的结果；现在的美满幸福，也都是之前理性选择的结果……人的一切境遇、命运、生活都是因果定理作用的结果，所以，要想"获得"，要想使自己的境遇和谐、顺畅，那就在平时多多种下好的"因"；同时，当境遇不如意的时候，也要以平常心对待，因为你之前已经种下了某种"因"，就要坦然地接纳当下的"果"！

你所失去的，总会以另一种方式归来

作家约翰·肖尔斯在《许愿树》中说道："没有不可治愈的伤痛，没有不可结束的沉沦。所有失去的，会以另一种方式归来。"就是说，这个世界上没有过不去的坎儿，人生也没有永久的伤痛，你当下所失去的，总有一天会以另一种方式归来。

从前，有一位国王很喜欢打猎。有一次在追捕猎物时，不幸弄断了一截食指。国王剧痛之余，立刻召来一位富有智慧的大臣，征询他对意外断指的看法。智慧大臣仍轻松自在地对国王说，这是一件好事情，并请国王往积极的方面去想。

国王闻言大怒，以为智慧大臣在幸灾乐祸，即命侍卫将他关进监狱之中。

待国王的断指伤口愈合之后，国王又兴冲冲地忙着四处打猎，不幸却被丛林中的野人活捉。

依照野人的惯例，必须要将活捉的这队人马的首领献祭给他们的神。祭奠仪式刚刚开始，巫师发现国王断了一截手指，而按他们部族的律例，献祭不完整的祭品给天神，是会受到天谴的。野人连忙将国王解下祭坛，驱逐其离开，另外抓了一位大臣献祭。

国王狼狈地回到朝中，庆幸大难不死。忽而想起智慧大臣曾说过，断指是一件好事情，便立刻将他从牢房中释放出来，并当面向他道歉。

智慧大臣还是保持他积极的态度，笑着原谅国王，并说这一切都是好事。

国王不服气地质问："说我断指是好事情，如今我能接受；因我误会你而将你关进牢中受苦，这难道也是件好事情吗？"

智慧大臣微笑着说："臣在牢中，当然是好事。陛下不妨想想，如果臣不在牢中，那么，今天在祭坛上的大臣会是谁呢？"

人生不过是"得"与"失"不断轮回的过程，就像这位国王那样，看似每一次的"失去"，其实都是另一种"获得"，这个世界是公平的，"得"往往也就在"失"的那一瞬间。所以，生活中，我们切勿为一时或表面上的"失"而耿耿于怀、哭天喊地，而是要懂得去换个角度看问题，并且要相信，你所有失去的，总有一天会以另一种方式归来。

在 36 岁那年，张梅遭遇了人生的一次重创：她的丈夫与儿子在一次旅途中遭遇重大车祸永远地离开了她。就这样，一个原本幸福的家庭，只剩下她孤零零的一个人。那段时间，张梅的心经常处于巨大的疼痛之中，她的眼泪几乎已经流尽了，整个人的神经处于极度的麻木状态。一个月后，她依旧心灰意冷，痛不欲生，万念俱灰，便辞去了工作，决定找一个无人的地方了却余生。

当她临行前清理行李的时候，忽然发现了一封还未拆启的信件，那是她儿子在参加一次野外生存训练时写给她的。她激动地拆开信，看到这样的话："妈妈，我永远不会忘记你对我的教导，无论在怎样的生存境遇里，我都会勇敢去面对，像真正的男子汉那样，用微笑去承担一切的困难。我将会永远以你为榜样，心中永远保留着你的微笑。"

张梅读完信之后，顿时热泪盈眶，将这封信读了一遍又一遍，似乎感觉到儿子就在自己的身边，并用那双炽热的眼睛望着她，并且关切地问："妈妈，你为何不按照你教导我的去做呢？"

此时，张梅打消了离家的念头，一再对自己说道："告别痛苦的手只能由自己来挥动，我应该像儿子所说的那样勇敢地面对余生的路！虽然我没有起死回生的能力，但是我有能力选择继续生活下去！"就这样，张梅打起精神，开始写作。在经历了人生的这次磨难之后，她对生活有了全新的思考和认识，她以自己的人生际遇为原型，再加上她深刻隽永的文字，她的小说一上市便轰动一时。紧接着，她笔耕不辍，最终成为一个颇有影响力的作家。

张梅在"失去"儿子和丈夫时亦曾痛不欲生，但她最终将这种疼痛转化成了思想，成就了她的文学才能。人生没有白受的伤痛和苦难，亦没有无缘由的失去，如若能化悲痛为力量，那它终会转化成另一种方式让你的生命灿烂发光，古往今来的人与事，莫过如此。王昭君舍弃了锦衣玉食的宫廷生活，踏上了黄沙漫天的西域之路，却得到了天下的太平与后世的无限赞美；祝英台遭受了失去爱人的剧痛，舍弃生命，最终化作一只蝴蝶，却得了海枯石烂和天长地久的爱情……他们舍弃了功名、地位，甚至是生命，最终获得的却是更为珍贵的生命的升华。所以，当你沉浸苦痛而无法自拔，当你的际遇不如意，抑或生命遭遇大的重创时，一定要充满希望，一定要相信：当下所有失去的，终会以另一种方式归来。

世界不会亏欠每一个努力的人

二三十岁的年轻人，总是要过一段不被理解、无人问津的日子，而且毫不夸张地说，一个人才的成长史就是一部血泪史。也就是说一个人在成长乃至成功之前，不可避免要经历比常人更多的磨难、煎熬和疼痛。

也许你付出很多，却总被怀疑和否定；也许你拼尽全力，世界却无回应；也许你心怀梦想，却没有信心坚持到底。于是你开始怀疑努力的意义。其实，没有一种努力是白费的，只不过有些回报来得及时，那自然是皆大欢喜；而有些回报，会在你想不到的时候，看不见的方向，以另一种方式归来，也许不符合你的初衷，但会让你拥有一种无心插柳柳成荫的惊喜。无论哪一种回报，都需要时间的发酵。

今年刚从一所名牌大学中文系毕业的刘波，每次与人谈及他的梦想时，总是激情飞扬。他说他要在出版行业一展拳脚，将来做行业中最牛的作家。幸运的是，刚从学校毕业，他便被一家出版社录用。刚入职，发行部的领导只派给他一些打印单据之类的活儿，这让刘波很是焦虑，他来这里是写稿子、做策划的，而当下的工作与他的意愿相去甚远。

刚开始一个月，刘波还能强忍着继续帮领导打印发行单据，整理一下市场部的一些凌乱的数据。到第二个月的时候，刘波实在忍不住了，他觉得自己是大材小用，于是，便向领导敞开心扉："我在学校学的专业是中文，是不是应该到能发挥我才能的岗位上去，而不是……"还未等他说完，领导笑了，说："而不是应该在这里帮我做这些鸡零狗碎的活儿，是吧！刚来这里的大学生都觉得自己大材小用，但是，你注意到没有，我让你打的单据，都是我们社书籍的出货记录，这可是能让你了解图书市场的第一手资料呀。你有梦想，要做作家是好事，但是你若能把握好市场动向，那将来对你的发展也是大有帮助的呀。"听了这番话，刘波若有所思，接下来的几个月不再怎么跟同事发牢骚了，只不过，人还是显得很烦躁。

四个多月过去了，一位朋友打电话给刘波，问及他工作的事情，他便连珠炮似的向朋友疯狂吐槽。

"别提了，来这里就是来做打杂的活儿的，跟我原本的梦想相差太远了！我想搞写作，到编辑部去，可领导似乎就想让我在这里受煎熬！"

朋友赶紧安慰他："再坚持一下。沉下心来，把你当下的工作做好。领导这样安排一定有他自己的道理。你要相信生活是不会辜负一个努力的人的！"

没想到听了这番话后，刘波更火了，"老兄，你能不能别给我灌鸡汤了，每个人似乎都这么劝我！我不努力吗？我每天除了认真打单子外，天天强颜欢笑给领导端茶倒水，我容易吗？我这么辛苦，一点用都没有！"

朋友也不好再说什么，乖乖地闭了嘴。

领导原本打算让刘波在发行部待半年后，便调他去编辑部好好写作，可惜的是，未到半年的时间，刘波便毅然地辞了职，打算在家专职写作。可三年过去了，因为缺乏规划，再加上无人指导，他仍旧没能写出像样的东西出来。

其实，现实生活中有许多像刘波一样的人，每天看起来很忙碌，实际上对工作根本不走心，只是将无意义的消耗当成了努力，还将自己感动得痛哭流涕。这些人，一旦达不到目标，便很容易崩溃，继而吐槽别人，抱怨环境，感叹时运不济，自己怀才不遇。

生活从来不会向人许诺什么，尤其是不会向你许诺成功。它只会给你挣扎、痛苦和煎熬的过程。可它绝对不会辜负一个真正用心付出过、努力过的人，那些走错的路，那些不被人理解的煎熬，那些夜晚的孤独，那些滴下的汗水，都会让你成为独一无二的自己。

微电影《为爱超越》，讲述的是一个家庭主妇通过"打磨自我"，进而"升华自我"重返职场的故事。在许多人看来，那位美丽的女主角已经拥有了令人羡慕的生活：爱她的丈夫，可爱的孩子，一个温馨有爱的家，她完全可以无忧无虑地生活。

但是，她在享受那份家庭幸福的同时，也藏不住眼底淡淡的忧郁。她知道丈夫实在是太累了，她要用自己的方式来帮助他，因为家是两个人的，所以家的重担也需要两个人来分担。于是，女主角开始自学英语，为进入职场做准备。

在无数个夜晚，她都在灯光下挑灯夜战，虽然只有短短的几个镜头，但可以让人感受到她为此所付出的努力和耗费的精力。那是一个对自我"打磨"的过程。如果说女主角的美貌是天生的，那么，在她学习英语时，所焕发出来的光芒四射的感觉，这就是"打磨"的结果吧。

最终，女主角成功了，她从容而自信地回答面试官的问题，从她的眼神里，我们能看到她眼底流露出的坚定，更看到了深情。原来成功的喜悦可以与这么多人分享，而成功背后的艰辛却只能一个人默默地背负。但是，这种沉默是有价值的，她艰辛的付出最终有了回报——她成功赢得了面试官的赞许，从一位家庭主妇变身为职场精英。

这一系列的过程，用"打磨"这个词来形容她是再合适不过了。就业、升职、加薪，这些看似自然而然的过程，原来并不是水到渠成，是需要对自我不断地进行"打磨"。

有句很流行的话：你不努力，谁也给不了你想要的生活。欲戴皇冠，必承其重。你想过上自己梦想中的生活，就应该选择一条属于自己的路，并为此付出别人无法企及的努力。也许付出过努力后，一时难以得到回报；也许在默默无闻的日子里，一时看不到出路和希望，但请务必相信，世界是公平的，它不会亏欠每一个努力的人。

其实，岁月是一棵纵横交错的巨树，而生命，是其中飞进飞出的小鸟。你在努力的过程中，如果在哪一天遭到了人生的凄风冷雨，你的心已经不堪承受，那么，请别轻言放弃，更别去抱怨，而是沉下心来，要知道，这棵巨树正在生活的背风处为你营造出一种春天的气象，并且一点一点地靠近你，只要你付出了足够的努力。

顺境时别张狂，逆境时不绝望

有一个衣衫褴褛的乞丐终日四处乞讨，看尽了别人的冷面冷眼，日子过得十分悲惨。有一天他突发奇想，开始攒钱买彩票。买到了彩票后，由于没处存放，他便把彩票藏到了破竹篮的底部。一个月后，乞丐终于等到了开奖那一天，他的运气好得出奇，居然中了头彩。乞丐欢喜得快疯了，以为从此就能改头换面变成有钱人了，他兴冲冲地跑到了大桥上，随手把破竹篮扔到了河里。心想自己马上就变阔了，带着这个破东西岂不让人笑话？

乞丐欢天喜地地来到彩票中心兑奖，这才想起装有彩票的竹篮子被自己扔进河里了，他蹲在地上便忍不住失声痛哭起来，慨叹一切都是空欢喜一场。

这种因得意忘形而美梦成空的现象，在心理学上被称为乞丐效应。乞丐效应告诉我们，人在春风得意时，最容易被一时的胜利冲昏头脑，若是自鸣得意、沾沾自喜，就很有可能做出让自己懊悔终身的蠢事来，终让自己一无所有，甚至还会毁了自己一生的幸福。

人生之路起起伏伏，每个人都可能经历高峰和低谷，只有做到得意淡然、失意泰然、喜而不狂、忧而不伤，一切顺其自然，我们的人生才不会有那么多的大起大落，我们才能享受平和而朴素的日子。乞丐效应更是告诉我们，人在得意时不可忘形，欢愉之后，仍然要保持清醒的头脑，失意时不可颓丧，任何时候都不可以失去志向。只有做到得意时不忘形，失意时不失志，才能保全自己所拥有的。

人们常说"塞翁失马，焉知非福"，其源于《淮南子·人间训》中的一个典故：

在长城边上有一个小村庄，村庄里面有个精通术数的人。一天，他有匹骏马无故逃跑到胡人那里去了。人们都对他们的不幸表示同情，老人却说："这怎么就不会是福气呢？"经过几个月，那匹马竟带着一群胡人的骏马回来了。众人都恭喜他，老人却说："这怎么不会是灾祸呢？"家里有了许多好马，儿子爱骑，不小心从马上摔下，折断了大腿。众人对他们的不幸表示安慰，老人又说："这怎么不会成为福气呢？"过了一年，北方的胡人进攻，身体强壮的男子都拿起弓箭去战斗。上战场打仗的人，绝大多数都战死了。老人的儿子因为瘸腿，免了从军，父子的性命双双得以保全。

人生在世，得失无常，纵然费尽心思得到了蝇头小利，最终的结果也不一定是好的。而暂时失去的东西，最终却带来福报也未可知。

古代有句话是说："得勿喜，失勿忧。抗之甚高，挤之必酷。"意思是说，得到了不必高兴，失去了亦不必忧伤，一个人被抬举得越高，人们排挤他就一定愈加严酷。荀子说："小人其未得也，则忧不得；既已得之，又恐慌失之。是以有终身之忧，无一日之乐。"说的是太过看重得失之人，会终日在患得患失中闷闷不乐。当然要想做到不患得患失，就要做到"得固欣然，失亦可喜"，将得到的都看作命运的眷顾，失去的都以平常心态等闲视之。眼前得失等云烟，身后是非悬日月。失去不一定是坏事，而得到也不一定是好事。想通了这些，又何必在一点蝇头小利的得失中斤斤计较、忧心忡忡？

当你面对人生的取舍时，只要做到合乎情理即可。中国古代讲究"经权之道"，"经"即指不变的意思，而"权"指变化的意思，也就是我们平时所说的"权变"。"经"就近似于我们说的"理"，"权"就近似我们说的"情"。有原则、有底线，懂取舍、懂变通，这就是我们说的"合乎情理"，这样才能避免乐极生悲，才能真正地守住自己所得的东西。

错的离开，是为了与对的相遇

生活中，很多人在受到感情的伤痛后，总惯于将自己锁进心的密室，将往昔的一切用记忆的显微镜仔仔细细地来一场分析实验，将自己折磨得苦不堪言。然后，他又会向周围的人抱怨自己遇到了怎样的负心人，自己如何如何地难受。其实，这种内在的酷刑都是自己强加给自己的。很多时候，你沉浸于伤痛中无法忘怀，是因为你一直在怀念、在期待、在做梦！其实，没有人会真正因为一段过往而永远无法释怀。人都有自愈能力。心灵的伤口如同肌肤的伤口，没什么特效药，需要时间慢慢复原。但如果你自己折磨自己，伤口处理不当，又怎么能完好如初呢？学会放过自己，并告诉自己：错的离开，只是为了与对的相遇。当你翻过人生日记中这沉重的一页，过几年你再体验，就会觉得那是一段你随手可以丢弃的岁月灰尘罢了。

晓枫终于决定请大家吃喜糖了，大家都惊诧万分，不是认为她唐突，而是因为她终于下定决心与热恋了两年多的男友结婚。

晓枫之前受到过伤害，大家都知道那个男孩子，当初与她爱得生死难分，已经要谈婚论嫁时，男孩子突然弃她而去，给了她极大的打击。曾经有大半年的时间，晓枫都是以泪洗面，整天不出门，人也瘦了一大圈，憔悴了许多。所以，尽管她与后来的男友关系不错，但因为心里始终放不下前男友，而迟迟不肯提"结婚"二字。男友也一直默默地关爱着她，对于结婚只字不提。

这一天，男友到另一个城市做生意，到了那里才发现货物价格上涨很多，带去的钱不够。于是，便打电话给晓枫让她给他汇些钱过去。他的存折都放在她那里。但他没有告诉她存折的密码。也许是忘记了，也许是以为她本来就知道，因为他好多次取钱都是与她一起去的，她应该知道密码的。其实那密码也无非是他们的生日的组合：他是 1982 年 4 月 5 日生的，她的生日是 1984 年 2 月 13 日。

取钱那天，与晓枫一起去的朋友在银行门口等她，她在柜台前填了单子，银行小姐叫她输密码时她才想起忘了问男友，但事已至此，她隐约记得密码是与生日有关。便输了 198245。是男友的生日，但电脑提示她输错了。她又输了 820405，又错了。银行小姐看了她一眼，她便不自然起来。看着银行小姐怀疑的目光，她不敢再输号码了。在门口等她的朋友走了过来，问了几句后，便输了 840213，结果密码对了。

在银行门口，她问朋友怎么知道的，朋友认真地对她说："看得出来，他很爱你，做什么事肯定会先想到你，然后才是他自己，设密码当然也会如此啊，首先一定先想到的是你的生日……"

她给他汇了钱之后就给他打了电话，在电话末了她轻轻地对他说："回来之后，我们结婚吧……"

关于一段情感的终结，作家张小娴说过这样一句话："所有带着爱或带着恨的离别，也是一次痛苦的割裂。若做不到微笑道别，鞠躬离场，那么，是不是可以默然转身，憋住眼泪，鞠躬离场？谁叫当初爱上了呢？总有一天，你会对着过去的伤痛微笑。你会感谢离开你的那个人，他配不上你的爱、你的好、你的痴心。他终究不是命定的那个人。幸好他不是。"的确，当你沉浸于伤痛中无法自拔时，请记住，那个错误的人离开，是为了成全更好更合适的人到你身边来。

面对老公一而再、再而三的感情背叛，张欣很痛苦，她跑到路边的墙角，蹲在地上，开始失声痛哭起来。她默默地抬起头，看着橱窗里倒映的那个女人：肤色暗黄，凌乱的头发潦草地扎在脑后，臃肿的身体"盛"在暗黄色的水桶裙里，脚上穿了一双很随意的白色旧凉鞋，这些颜色混搭起来，很不美观。

这些年来，她为他操持家务，做饭，洗衣，什么都做，唯独忽略了自己。年轻时的她，本是一个眉清目秀，毫无烟火味，瘦弱胭脏，不染尘埃的淡雅女子，与当下的她完全是两个不同的模样。她呜咽着，心头像堵了块大石头，觉得自己就是个失败者。此时的她很清楚，她与丈夫的缘分真的走到了尽头，她唯一的出路就是必须要让自己强大起来。

回到家，她打了一盆温热的清水，洗净泪痕，化了妆，换了衣服，完全还是个美人。随后，她又翻开本子，用漂亮的字列出一张新的生活计划表。她从此不再为他朝九晚五煲汤、做饭、洗衣。早上吃包子、喝豆浆，晚上和同事一起做美容、练瑜伽、学化妆，然后在西餐厅吃个饭。周末，她请小时工做家务。报了一个平面设计班，又学习素描画。她的生活焕然一新，每天都兴高采烈的。他也发现了她的变化，很是鼓励，同时也让自己有了更多的自由和空间。她对他隐忍不发。失败的感情，可以让一些女人变得丑陋，却也可以激发出一些女人的美来。半年过去了，她的气色好多了，已经能独立设计出让自己满意的作品来，素描画也画得让众人称赞，她有点底气了。

在27岁生日那天，她到商场给自己挑了一件薄薄的灰色羊绒衫，一件白色的呢子外套大衣，烫了漂亮的波浪卷发型，化了淡妆，优雅地坐在沙发上。他下班回来，她把离婚协议书签好递给他，提着箱子潇洒地扬长而去。

他措手不及，目瞪口呆。她什么也没带走，除了几件衣服、日用品和一张10万多元的存折。价值几百万的房子、车子，包括那个刚刚升任部门经理的男人，她都放弃。她容忍不了，如此不信守承诺的男人。随后，她到了一家大型的广告策划公司，从普通员工做起。尽管收入不高，但这是她人生的一个新起点，她有足够的时间和动力去挑战新的工作。熟练的设计、优雅的衣着、卓越的能力，都让她成为一个魅力四射的女人。28岁，她开始慢慢地升职加薪，一直做到设计部总监。四年后，32岁的她拥了自己的一家广告公司。她开始与一位追求自己的优秀男士约会，享受爱情带给自己的美好。

她之前是被庇护的，但现在才是被尊重的，这可能才是真正成熟的爱情吧。因为她懂得及时放手，才有了如今幸福而快乐的生活。

拥有良好心态的人，对感情大都会保持淡定的态度：感情的事情，大半是由于情投意合，合则来，不合则去，离开错的，是为了和对的相遇，面对逝去的感情，你转身的姿态也可以很优雅。

有些路，通往哪里并不重要，重要的是你会在路上遇到什么人，看到什么样的风景。对于人事也好，情感也罢，只要经历了过程，领略了其中的风景，品尝了其中的滋味，结果便也显得不那么重要了。所以，凡事要以淡然的态度对待，不必呼天抢地，更不必痛不欲生。

为人宽厚：福虽未至，但祸已远离

1875年2月21日，卡尔基生于法国阿尔勒小镇一个富裕的家庭。

1996年2月21日，是卡尔基121岁的生日。当记者问她长寿的秘诀时，她却对记者说道："人要乐善好施，千万别去捉摸人、算计人！健康是福，是最大的财富，花几百亿也买不来寿命！"同时，卡尔基还向记者讲述了一个她亲身经历的故事：

那是在她90岁的时候，一位不速之客找到她，此人叫拉伯莱，是法国颇有名气的法律公证人。他非要每月给卡尔基一笔25法郎的养老金，让卡尔基安享晚年。这使年迈的卡尔基喜出望外，不过她心想：天上真的能够掉馅饼吗？世间哪有这样的好事情呢？在卡尔基的一再追问下，拉伯莱终于说出了自己的想法：养老金不是白给的，卡尔基去世后，她祖先留下的那幢房子要归拉伯莱所有。卡尔基微微一笑，便答应了，并到公证处做了公证。

当年的拉伯莱年富力强，仅有46岁。他的如意算盘是：百岁的卡尔基再活七八年可能就要走人了。贪心的拉伯莱每天都企盼着卡尔基能赶快死去，但卡尔基却一直健康如常，而且越活越带劲儿。但工于心计的拉伯莱却郁郁寡欢，健康每况愈下，终于在他77岁的时候，患心肌梗死而一命归西。到拉伯莱死时，几十年间他先后给卡尔基的90万法郎养老金，高出当时房价的4倍之多。

卡尔基老人在得知拉伯莱的死讯时，伤心地流了泪，十分惋惜地说道："他有很高的文化，可惜这么聪明绝顶的人怎么也会做亏本生意呢？"

这则故事告诉我们，做人不宽厚，总爱算计别人，实际上就是在估价自己的付出，它已经被放在秤上，已经论斤论两地被估价，算计来算计去，只会算计了自己。

所谓，爱出者爱返，福往者福来！心胸狭窄、爱计较、爱算计、爱占便宜者，即便赢得了眼前的微利，亦不能长久。再好的东西，你不可能永远地拥有，若总计较一时的得与失，莫不如常怀怜悯之心和慈爱之心，布施你的善良，散发你的热量，提升你的人格，福虽未至，但祸已远离。所谓的因果报应，丝毫无爽！

明朝有一个叫吴子恬的读书人，他的太太姓孙。吴子恬的母亲因为过世太早，父亲便娶了继母。继母偏心，对他弟弟比较好，对他却不好。他心里慢慢地就有不平、有怨言。后来他娶了妻，继母对他太太也不是很好。他就不平，想要去找继母理论，都被太太劝下来。后来他的父亲去世了，留下的有田地、有银两，结果继母将最差的田给他，自己跟弟弟留好的田地，还把不少钱都私吞了。吴子恬真的受不了了，要去找继母，又被太太拦下来。

这位太太很有见识，她懂得"和气生财，是非耗财"的道理。结果不久，继母生的儿子染上了赌博，将钱财全部都败光了，母子几乎沦为乞丐。吴子恬觉得这次总算出了口恶气，他想去对继母说：

"苍天有眼，你们也有今天！"却被妻子拦住了，并且她还以德报怨，劝先生去将继母和弟弟接回来。吴子恬不愿意，但经不住妻子的再三规劝。无奈之下，吴子恬便将继母和弟弟接回，然后再帮弟弟戒赌，最终感动了继母和弟弟，一家人就这样和和乐乐地生活在一起。

由于吴子恬和妻子的善义之举，不仅家庭美满幸福，而且他们的三个儿子都考上了进士，这就是所谓的"福报"。

《朱子治家格言》中讲："伦常乖舛，立见消亡。"说的是一个人若违背伦常，这种人必定会很快地消亡。一个家亦是如此，亲若不贤，子若不孝，家庭就难以和睦，这样的家庭也很快就会败掉。

古人讲"福祸无门总在心"，说的是宽厚之人，不在于别人夸赞，而在于自己安详；而计较之人之可怕，如磨刀之石，不见其损，日有所亏。要知道，世间万事万物，该是你的，跑都跑不掉，根本不用去争抢，越争福报越会折损。这世上没有哪个人是靠争和抢而发财的，也没有哪个家庭为了争财而越来越兴旺的。

欲要"升职"，必先"升值"

在很多场合，我们都能听到类似于这样的抱怨：

"我为老板干活儿，老板给工资，我的努力足够对得起自己那点少得可怜的工资了。"

"一个月就给这么点儿钱，凭什么让我做这做那?!"

"我就是表现得再好，领导也不会考虑提拔我，所以得过且过混混日子算了！"

……

说这些话的大都是年轻人。他们本来有着丰富的知识、充沛的精力、不错的能力，却因为生活在不断抱怨中而常常面临如何找下一份工作的窘境。

许多年轻人总是频繁地换工作，直接原因是嫌原来的老板"给得太少"或"不给自己升职的机会"。同时，他们还逢人便会吐槽老板是如何抠门、苛刻，从不反思自己为何如此"廉价"。

其实，与其喋喋不休地抱怨工资低、赚得少，不如埋头去努力，让自己先"值钱"。就是说，进一个单位或一个行业后，别总是想着如何才能立即得到回报，而是先将赚多少工资的事情放在一边，埋头努力，努力创造一个能让自我不断"增值"的机会。

你今天的工资可能是三四千块，如果为了多收入一两千块钱而频频跳槽，你的生活现状会真正地发生改变吗？不会的。最终除了让自己不断地在奔波中返回"原点"外，别无所获。

其实，刚刚步入社会的前 10 年，大家的工资是没有多大差距的。你的同学也许早你一年升个什么组长、什么领班、助理等，那也不重要。最重要的是你在第一个 10 年里要扎扎实实地投资自己。

当你人生奋斗的第一个 10 年走完了，如果你扎扎实实地把自己的基本功练好了，到第二个 10 年你可能才有机会成为一个部门主管。那时候，你的身价已经很高，你所掌握的资源、学到的各种技能，已经成为别人永远也盗不走的财富。

在人生的第二个 10 年，你可能会结婚，过着上有老、下有小的生活，如果你还够踏实勤奋，你能干到部门经理，你的收入还能勉强支撑一个家庭的开支。所以，你还得继续努力，在各种细节方面去积累经验，不断提升你的"身价"。

前面两个 10 年你如果走得够扎实，那么，你有可能走入人生奋斗的第三个 10 年。如果说前面的 10 年是自我"身价"的提升阶段，那么，人生的第三个 10 年则是你财富积累的开始。那个时候，你可能会有一家自己的公司，你的收入会远大于你的生活所需，人生的财富也会在此期间暴涨。

可是很不幸，绝大部分的年轻人走不到第三个 10 年。他们往往在人生的第一个 10 年，常常因为计较多几百块钱的工资而放弃大好的学习机会。从此之后，其人生都在不断颠簸中度过。

事实证明，那些在刚开始就注重机会和自我成长的人，最终都能成为不凡者。

在美国西部，有位年轻的小伙子总梦想着自己能成为一名新闻记者，可他缺乏经验又没有熟人。他不知道如何才能得到一份报社的工作。有一天，他灵机一动，给报界名人马克·吐温先生写了一封求助信。

几天后，他就收到了这封改变他未来命运的回信，信中说："假如你能按照我所说的去做，我可以帮助你在报界得到一个职位。你现在要告诉我的是，你想到哪家报社去工作？"

小伙子把这封信翻来覆去看了几遍，又异常兴奋地写了一封回信。信中说明了他所心仪报社的名称和地址，并向马克·吐温诚恳表态，表示愿意听从他的指示。

又过了几天，小伙子收到了马克·吐温的第二封信，信中说："如果你肯暂时只做工作而不拿薪水，你到任何一家报社，那么人家都不会拒绝你；至于薪水问题，你可以慢慢来。你可以对报社的人说，我非常热爱记者的工作，我可以从零做起，并且不需要任何的报酬。听我的，我保证你会找到一份你想要的工作。

"在你得到第一份工作后，不要以为不拿薪水就可以没有工作压力；正好相反，你一定要全力以赴。得到那家报社的重视以后，你再到各地去采写新闻。如果你所采写的新闻稿件确实符合编辑部的要求，报社自然就会陆续发表你的作品。当你正式成为一名外派记者或者编辑时，也就自然成为这个报社中的一员了。慢慢地，大家也会觉得离不开你，你自然也就不用为自己的薪水而担忧了。"

读完这封信，年轻人异常兴奋，但又有些担心，这的确是一个好办法，但问题是能否行得通。最终，他还是照做了。就这样，他到了一家向往已久的有名气的报社。在报社工作的第一个月里，他遵照马克·吐温的嘱咐，兢兢业业地去学习新闻写作，发掘新闻素材，做好每一件琐碎的小事情。不久他的采访稿终于被编辑部采用了。为此，他很受激励，更加努力，采写的新闻又频频出现在报纸上面。

慢慢地，小伙子的才气与名字已经在报社广为人知。几个月后，他收到了另外一家知名报社的聘书，表示愿意出高薪聘请他。他所在的报社听说此事以后，以双倍的薪水待遇将他留了下来。就这样，他在那里继续待了5年，5年后，他已经成为那家报社的主编了。

除了这位小伙子，另外的几个年轻人在马克·吐温的指导下也顺利地找到了理想中的工作。这位世界顶级大师告诉年轻人，只要用心，到哪里都不难找到工作；找对了平台，付出努力后，迅速晋升根本不是什么难事；"身价"如果高，财富的积累就是轻而易举的事情。当然，在此过程中，不要总想着老板能给你什么，而是应该想着你能给老板带来什么，你为单位所付出的努力，总会以另一种方式回报给你，那些只知道向老板或者单位索取的人，则一定会遭遇失败！人生也将混乱不堪！

少抱怨，多努力，你会更幸运

生活中，为什么一些人看上去处处顺心，过着无比幸运的生活？他们总可以得到想要的工作，遇到喜欢的人，生活总是充满惊喜……而另外还有一群人，生活中却不断地经历一场接一场的灾难甚至是厄运，他们总是磕磕碰碰，找工作简历不被重视，好似霉运一直伴随左右。这两种人不同的状态，真的是因为命运或机会更偏爱前者而亏待后者吗？

绝对不是！心理学家说，幸运只是一种思维方式，也是一种内在的能力。如果你仔细地观察生活或职场中的那些"幸运儿"，就会发现他们都有一个共同的特点：遇到困难，从不会去怀疑和抱怨，而是坚信方法总比困难多，总是想着去如何改变现状、战胜困难。他们总是能够安身于困难的环境，乐于迎接工作中的每一次挑战。他们积极、乐观、阳光，很难从他们身上或口中看到或听到"阴郁、不快、消极、不顺、困难"等词汇，所以，他们总能获得周围人的喜爱和信赖，有了庞大的群众基础，"幸运"女神当然总会罩着他们了。而相反，生活中的"倒霉鬼"，在遇到困难或不顺时，总是显得消极、悲观，总会向人滔滔不绝地抱怨自己的命不好，认为生活对他太过不公，于是，常常就自我放弃，"倒霉"也总是如影随形了。

刘东和赵展同时毕业于一所普通大学的经济系，并且都进了一家外贸公司做销售员。刘东是个积极的人，入职三个月后，就针对公司部门的实际职位构成，给自己做了极为详尽的职业发展规划。同时，在工作中表现积极，遇到难搞的客户，总是会耐心去分析客户的个性特点，并整理有效的素材，想办法去说服。一年下来，刘东取得了"部门销售冠军"的良好业绩，被领导作为公司的支柱型人才。两年后，刘东正式擢升为销售部门经理，随后，他又被一个客户挖走，到一家有实力的大公司做主要负责人，好运不断。

而赵展却不同，其生性悲观，对工作总是消极应付，上班时也提不起兴趣。遇到难题，他总是抱怨连连，怪自己倒霉。领导每次找他谈话，他总是抱怨说，工资少，环境差，任务重，压力大……再就是领导没有指示，不知道该怎么办，再不然就推卸责任说，这件事不归我管……总之，遇事首先去怪别人，从不反思自己。就这样，不到半年时间，他就被公司辞退。接下来，又开始找工作，再换工作……不到三年时间，他换了五次工作，成就没有，却积聚了满腹的牢骚，逢人就抱怨时运不济，自己的命不好。

刘东和赵展的经历，恰巧就说明了"幸运的人总幸运，倒霉的人总倒霉"的内在原因。前者遇到问题，总想着改变，而后者则总是埋怨。可以说，抱怨犹如生活中氤氲的一种倒霉气息，随时都会为你招来"不幸"。所以，那些牢骚满腹、遇事总爱抱怨不停的人，还是尽量闭上嘴巴吧，它是招致你人生不幸的重要原因之一。

张勇研究生一毕业就在一家私立医院工作，他每天做的事情就是在计算机前输入大夫的方剂，统计他们的工作量，有时候会给大夫抄方，工作极为琐碎。这简直与几个大专生干的是一样的，虽然工资比他们高点儿，但张勇心里总有一种说不出的失落感。

有一次，与几位同学到外面吃饭，有点惆怅的张勇喝得有点多了。这时饭店的老板过来安慰他，他就借着酒劲儿将自己心中的苦闷和怨言说了出来。饭店老板听过后，微笑着过来拍着他的肩膀说："年轻人，我给你讲讲我的故事吧！"

"初中毕业后，因为家里太穷，没钱上学，就去学厨师。我以最优秀的成绩毕业之后，被招聘到一家饭店，结果人家不缺厨师，只能让我去端菜。我也没有什么怨言，一边端菜，一边观察别的厨师的作品，一些学校里没有学过的菜系和花样，我很快就学会了。饭店忙的时候，我也去后厨帮忙，不过工资还是端菜的工资。"

他接着说："你说，当时我要是不干端盘子的活，连填饱肚子都难。不过，后来，当有个厨师辞职后，我向老板申请让我试一试，结果比那个辞职的厨师的水平还高。而且，因为有端菜的经历，我还对客人喜欢的菜肴比较了解，后来，饭店的菜系和品种都是按照我的设计来的。我在那家饭店干了5年，挣了将近15万元，这也是我人生的第一桶金，用这笔钱，我现在开了这家饭店。"

老板接着说："你干的活一点也不吃亏。你想想，你统计老大夫的方剂，你就能了解他们治病的一些绝招，你给老大夫抄方，也是在学习他们一生经验的总结。要知道，这对你都是无价之宝啊！"

无论是在职场，还是在生活中，你多付出点精力或劳力，不要总是喋喋不休地抱怨，别总怪命运对你不公，天下没有白付出的努力，你流的汗，付出的精力，终有一天会以另一种方式，甚至会百倍地回馈给你。

第五章

不困于情：保持从容，
时间会让你遇到更好的人

一件事情就算再美好，一旦没有结果，就不要再纠缠，久了你会倦、会累；一个人，就算再留恋，如果你抓不住，就要适时放手，久了你会神伤、会心碎。有时，放弃是另一种坚持。任何事，任何人，都会成为过去，不要跟它过不去，无论多难，我们都要学会抽身而退。所以，对于逝去的情感，我们要学会释怀，不该背负着沉重的伤痛前行，更不该被情所困消极沉沦。正如亦舒所说："不必对全世界失望，百步之内，必有芳草。"所以，当情感受伤，你要相信：没有永久的伤痛，没有无法回转的沉沦，从容地挥别逝去的，时间终会让你遇到更好的人。

与其被错的折磨，不如放手去迎接对的那一个

　　婚姻是爱情最完美的归宿，但是当婚姻里的爱意消失了，或许结束它才是对爱情乃至漫长人生最大的尊重。我们无法对每个人负责，但是至少要做到忠于自己，对自己负责。

　　当两人的缘分走到了尽头，与其死撑着苦苦折磨，不如及早放手。与其与错的人在一起彼此消耗，不如放手去迎接对的那一个。

　　年少时，她就喜欢他。他们住在同一所小区的同一栋楼，他在18楼，她在17楼。她总是傻傻地站在阳台上，昂着头，希望他能出现在自己的视线里。偶尔碰到，哪怕是他的影子，她都会兴奋得手舞足蹈。

　　有时，看到他在院落里玩耍，她便会故意下楼，黏着他、追着他。那时，他是个毛头小子，她是个人人都讨厌的丑小鸭：皮肤黝黑，稀疏、发黄的头发总是毛毛糙糙的。对于她的主动示好，他总是很不屑。院里的樱花开了又落，可她的心始终如竹子一般，一直青着。她把家里的玩具全部拿出来给他玩，他会把它们都狠狠地摔在地上，还与其他的孩子一起欺侮她。但她毫不放在心上，仍然跟屁虫似的缠着他，冲他笑。

　　他考上了市里最好的高中，篮球打得也好，是众人眼中的骄傲。她长得不漂亮，学习也不好，在一所普通中学就读。她把心思都用来讨好他。她在学校省吃俭用，攒下一笔零用钱就给他买各种学习用品和参考书。他的父亲生病，她就跑到楼上去照顾，端茶倒水，聊天说笑。那时，她就期望有一天可以成为他的妻子。

他对她做的所有的一切他都不放在眼里，因为骨子里，他就看不起她的不起眼和灰暗。他的志向在远方，他愤怒地赶她出家门，大声地向她叫喊：我永远都不会喜欢你的。后来，她再也没有找过他。

再后来，他考上了大学，顺利地毕业，留在了京城，娶了漂亮的女人，生了可爱的儿子，他觉得这才是他要的人生。几年后，因为工作调动，妻子忍受不了两地分居，终于离开了他。恍惚间，20多年岁月就那样过去了。或许，谁都会以为，当年的那个丑小鸭，和他再也没有任何瓜葛了。一个是一家知名外企的高层管理，一个是嫁给他人的丑陋妇人。一个人寂寞时，他便会想起年少时的荒唐，那些粗暴的行为，一定把她伤得很透。

偶然的机会，极其偶然，他在一家大型商场买东西时，远远地看到一个漂亮的女人冲他笑，走上来和他打招呼。他莫名惊诧，原来是她。她亦不是当年的丑小鸭，温婉、知性，浑身散发着都市自信女人的气质。是的，她并没有成为别人的丑陋妇人。当年的羞耻，让她发愤图强，她发誓总有一天要以一个高傲的姿态出现在他的面前。

他激发了她身上最大的能量。他在京城工作的时候，她也考上了这里的一所著名大学；他在外企工作的时候，她在一所中学做老师；他被调往另一座城市的时候，她又通过进修，考上了研究生；他重回京城时，她已经在一家研究所工作。如今，她已经和他在同一条起跑线上了，现在她嫁了一个华裔商人，过得幸福而快乐。她的眼光落在他沧桑、疲倦的脸上，那一瞬间，她徒然明白，她已经不是自己曾经深爱的他了。现在，她的心中，装满了许多幸福而美好的东西。

有位哲人说，藤蔓可以选择一棵大树共同生存，但不是每棵树都是适合自己的，有的树已经蛀虫累累，有的树已不再生长，你又何必苦苦纠缠呢？在爱情的道路上，别去将就，亦别太慌张，时光让你等，是为了让你遇到更好的。

要知道，生活不是舞台剧，不是足够苦情，没有底线一味隐忍，最终就一定可以柳暗花明，比翼双飞。不是每个浪子都会回头，不是每个你爱的人都适合你。你曾经一个人躲在角落流泪，你内心如刀割、面上装作云淡风轻，你觉得自己好伟大，自己为爱情付出了那么多，为何还是挽留不住他？别傻了，你的钥匙打不开门，也许不是钥匙的问题，而是你开错锁了。你的不幸其实不是别人的错，是你自己给自己的，自我欺骗，自我蒙蔽，懦弱胆怯。

你觉得自己不幸福、不快乐，只不过是不忍心舍弃一个错误的人，其实，与其让一个错误的人来折磨自己，不如勇敢地舍弃，让自己去迎接未来，拥抱对的那一个。

相濡以沫，不如相忘于江湖

人生最痛苦和纠结的莫过于忘情！人是感情动物，人们之所以能够很好地活着，大都靠着情感的维系。哲言说："无情何必生斯世，有好终须累此身。"有你我就有感情，有感情就会有烦恼，有烦恼就有是非，有是非就会有痛苦。人因情受苦，所以要做到忘情就难了。

《庄子·内篇·大宗师》中说："相濡以沫，不如相忘于江湖。"两个人如果靠痛苦来维系感情，那么，还不如放手来得轻松。这并非无情，而是人生的一种大智慧，是无偏无私的大情。

一条江中的河水干涸后，两条鱼因为未及时离开，被困在陆地上的水洼中。它们朝夕相处，动弹不得，互相也以口中的唾沫来滋润对方。此时，两条鱼便开始缅怀昔日它们在江河中各自独享自由快乐的生活。虽然相濡以沫这种方式是感人，但是是没有任何意义的。与其一起死掉，还不如各自愉快地跳进大江大湖中，即便彼此间形同陌路，也要比当前的情况要好上百倍。

两条鱼的感情很动人，也很高尚，然而对于它们来说，最好的情况却不是用死亡来相互表达忠诚与友爱，而是自由快乐地遨游在大江大湖中，哪怕彼此之间谁都不认识谁。这是一种极为坦荡、淡泊的人生境界。人的仁爱都是有限的，当人需要处处依靠仁爱来相互救助时，未必完全是好事情。大自然的爱是无限的，所以，对于情感，人应该学着相忘于自然，就如同两条相濡以沫的鱼不如相忘于江湖一般。

能够摆脱世间感情束缚的人，是没有烦恼的。正如一句古话："鱼得水逝而相忘乎水，鸟乘风飞而不知有风，识此可以超物累，可以乐天机。"人生在世，都会受到外物所累而使自己陷入苦恼之中，却极少有人能够超然物外，学会放手，这样才能让人生获得真正的自由和乐趣。

慧仪和张超结婚近十年，刚开始他们的婚姻是甜蜜而幸福的。三年后，他们的第一个孩子出生，张超开始每天早出晚归，说是为了生意交际应酬。慧仪体谅丈夫在外工作的辛苦，并无怨言。

第二个孩子出生后，张超更是经常晚归，甚至在外过夜。慧仪希望他能多一些时间陪她陪孩子，而张超总是以事业为借口，依然我行我素。婆婆是个思想极其保守传统的女人，在婆婆眼里，儿子张超的种种，皆是做妻子的慧仪做得不好的缘故，于是对儿媳的态度十分冷淡。

后来，慧仪终于忍无可忍地对张超下了最后通牒。她说："结婚近十年了，你为这个家付出了什么？为我做了什么？"而张超则醉醺醺地说："我每天辛苦赚钱给你们，为了生活打拼，这些还不够吗？"

慧仪说："你认为这样就够了吗？一个女人要的就只是这些吗？"张超不满地表示："不然你还要什么？让你不愁吃穿，生活无忧，天天待在家里，想做什么就做什么？有几个女人比你过得好？"

慧仪痛心地说："结婚这些年来，你根本看不到我的付出，看不到我的苦。你不知道为何你的孩子忽然间长大懂事，你把一切看得那么理所当然。"

张超不满地表示："我没付出？没照顾你？给你钱花的是谁？孩子会长大不是我辛苦赚钱抚养的吗？"妻子默然无语，她知道这一刻该清醒了。

终于，慧仪提出离婚，无条件地离婚，不要小孩不要钱，只想离开这个浪费她生命并让她丝毫感觉不到任何快乐的男人。她曾无数次地做过努力，想挽回丈夫的心，但最终她明白，这个男人永远不懂得去爱护自己。丈夫需要女人，仅仅是因为他缺一个保姆，一个为他传宗接代的工具。

面对无爱的婚姻，与其苦苦死守，相互折磨，不如淡然分开，相忘于江湖，还彼此一条出路。这样才能让自己以后的时光变得轻松快乐，才能让这段感情成为生命中一个美好的回忆。

对于痛苦的感情，勇于放弃体现的不仅仅是一个人的修养，还是一种对生命和人生负责的态度！学会放弃，让彼此都有个更好更轻松的开始，遍体鳞伤的爱并不一定就刻骨铭心！

岁月让你等待，是为了让你遇见更好的

"剩女""剩男"是个让很多人一提起便会深恶痛绝的词汇，一大把年纪还是单身，父母催促，亲戚着急，自己也是心急火燎：我的那一位究竟藏在哪儿？有些人因为经受不住家庭、社会及心理上的压力，可能会随便找个人将就结婚。因为婚前没有磨合，婚后两人会不断地产生摩擦，感情极容易出现裂缝，极容易上演悲剧。

其实，对于很多人来说，被"剩下"，并不代表你不够好。岁月让你等待，就是为了让你在单身的时候，不断地修炼和提升自己，从而让你遇见更好的。

今年34岁的肖梅是一家外企的高管，长相不错，收入颇丰，各方面条件优越的她，至今还是形单影只。因为是从农村走出来的，为了获得认可，她拼命地工作，渴望能在工作单位中获得他人的认可。这些年，功夫不负有心人，她在工作上取得了可人的成绩，从一个底层的普通员工升为高层管理人员，可感情和婚姻却一直是一片空白。

很多时候，她也会羡慕别人的爱情。可时间久了，她亦会慢慢地告诉自己，其实也不必羡慕别人，自己单身一人亦可以轰轰烈烈地活，可能是岁月让自己多多等待，磨炼自己的心性，先成为更好的自己，最终让自己遇到更好的人。

于是，与一些大龄剩女不同的是，她对自己的终身大事丝毫未曾表现出焦虑，而只是平静地等待着。她清楚地明白，越是迟来的幸福，越是能让她知道爱情的来之不易。

很多时候，等待是为了更好地遇见，为了有更多机会选择一个正确的人。等待不是挑剔，亦不是眼高手低，等待只是让自己学会淡然地生活，正确地选择。但是，在孤独等待的这一段时间里，又恰恰是技能提升、修炼更好自我的最好时机。很多时候，岁月让你等待，是为了想把最好的给你。

她和他认识的时候，都不是那么年轻了，已经进入了大龄青年的行列。

两人是别人介绍认识的。见面是约在一家海鲜餐馆门前，她简单收拾了一下，提早去了几分钟。没想到，他却迟到了，直到过了约定时间，他才匆忙赶到。

竟然是个好看的男子，褪去了小男生的青涩和单薄，神情略显沉稳，衣服穿得也很有品位。一见面，他就急急道歉，说路口塞车，足足塞了 45 分钟，请她一定原谅。

她笑，没关系的。暗自算了算，如果不塞车，他会比她到得早。那么，他不是故意的。她相信他的话，再说，即使迟到几分钟又怎样？他已经道歉了。

两个人就进了餐馆，找了靠窗的位置坐下，他把菜单递给她，让她想吃什么就点什么。

她还是笑，小声说一句，我减肥呢。

他也笑，不用啊，胖点儿怎么了？只要健康就好，再说，你不胖啊。

她其实真的有一点点胖，他却真的不介意。索性拿过菜单，也不看价格，招牌菜，一连点了好几个。

感觉得出来，他对她的印象不错。而她也是，觉得从外表，自己甚至有点配不上他。但她并未表现出这一点点自卑，从容地和他说话。他更是处处照顾她的感受，体贴她，让她感觉到被宠爱的温暖。

就这样两个人交往了半年的样子，他提出了结婚，她同意了。觉得自己终究还是个有福气的女子，在这样的年纪，还能遇到如此温和体贴而又英俊的他。

结婚前几天，他们的好朋友都过来帮他们收拾新家，有他和她单身时候买的一些物品，其中，也包括各自的旧相册。大家翻出来看，看到了最年轻时候的他们。

那时候的他，那样英俊挺拔，穿白衬衣和牛仔裤，戴很酷的腕表，眼神里，带着不羁的味道。而那时候的她，也有那么一点点的胖，但非常漂亮，眉目中，满是清高满是骄傲。

有朋友"呀"了一声，对他俩说，可惜你们没有早几年碰上，那才真的叫金童玉女。

他笑了，她也笑了，却都没有说话。那一刻，他们心里都很明白，幸好，他们没有早几年遇到，不然一定不会走到一起。那个时候的他，叛逆不羁，喜欢那种个性清冷的消瘦女孩，并不是她那种。而那时候的她，对男孩子也是万分挑剔，要求对方品貌俱佳，更要守时，讲信用。最是容不得别人迟到，从不给他们任何一点辩解的机会……他们，就是这样，因为挑剔，因为不够宽容，在最年轻的光阴里一再错过爱情。

而现在，他们都在情感的磨砺中成熟起来，内心不再浮躁不安，渐渐宽厚而平和，都懂得了为对方着想。现在碰上，对他们来说，才是最好的年纪。

所以，真的不用遗憾，没有在最青春貌美的时候遇见你，因为我们要的，终究不是那一场虽轰烈却短暂的爱恋，而是天长地久的温暖相伴。

岁月即是如此，总会将最好的留在后面。最好的安排，是时间给予的，自己把握的。

时间是最锋利的"雕刻师"，它会替你摆平生活中一切的负能量，也会带走你放不下的一切，它会打磨你的棱角，消磨你的傲慢和不羁，让你成为更成熟、稳重，更有韵味的自己。为此，在任何时候都不要怕，而是要耐心地等。你要相信，我们每个人都会遇见陪自己走过一生的人，不必因寂寞而凑合着恋爱，不必因完成父母的心愿而委曲求全，更不要因迎合众人异样的目光而与人将就。你要相信：在你还未老到无能为力之前，你永远等得起一份对的感情。

你要相信，有一天当你活得足够从容，那个时候，再聊起"当年岁月"，你会冲人一笑，向对的那个人说：谢谢你来得那么晚，才让我有时间不在风花雪月中迷失，不被鸡毛蒜皮的日常琐事所消磨，才能让我有足够的时间不停地努力成长与自我蜕变。

你还可以云淡风轻地对他讲：这些年来，我没在等任何人，我只不过是在等自己。等那个可以放下不安和怯懦，等那个可以完全甩掉自卑，敢于大胆地承认"我真的很优秀"，等那个不再因一点挫败而轻易放弃，那个内心丰盈、强大而圆润的自己。

所以，任何时候，你都不必不安，不必着急，努力修炼自己，时光能够赋予你的绝对超乎你的想象。

给爱留一条出路：痛苦撕扯不如优雅转身

俗话说："令人无法自拔的，除了牙齿，还有爱情。"有的人为爱痴狂，发现对方不爱自己了便威逼利诱；有的人分手后仍旧恋恋不舍，对对方满怀期待；有的人则为了早已经名存实亡的爱情做最后的挣扎和挽留；有的人是活在遥远的回忆中无法释怀……爱情亦如人生一样，重要的不是结果，而是从过程中体味快乐。所以，面对一段逝去的爱情、一个貌似余味犹存的爱人，与其痛苦地撕扯、苦苦地挣扎，不如优雅地转身、潇洒地挥手，保留最后的一点尊严。同时，也好让自己有时间去爱另一个值得爱的人。

张嫣与丈夫的婚姻持续了 9 年，如今两人的感情平淡如水，张嫣每天的生活重心就是家和孩子。她不辞辛劳，每天都将家里收拾得一尘不染，一日三餐也尽量地不重复，总想着让孩子和丈夫吃得好一些。在很多老年人的心中，张嫣是合格的媳妇，周边所有的女人都夸她是个不多见的贤惠媳妇。但是人到中年，却亦是祸不单行。自从她的孩子去了离家很远的地方上学后，张嫣感到自己的生活似乎没有了重心，丈夫每天也是早出晚归，她一下子觉得生活极为空虚。这时她竟又发现丈夫在外面有相好的。面对这样的生活打击，张嫣每日都以泪洗面，并且非要让丈夫给自己个说法。

自此之后，她的生活似乎也变得"丰富"起来，她不再做饭，每天只是跟踪丈夫，看他下班后去了哪里，和什么样的人在交往。有时候，她也会时不时地翻看他的手机，一察觉有不对头的地方，便歇斯底里地与丈夫大吵大闹，搞得丈夫疲惫不堪。同时，她还曾跑到丈夫相好的单位里大吵大闹。

丈夫终于忍受不了了，便对她说："离婚吧，家里所有的一切都是你的，我什么也不要！"张嫣听到这话，更加疯狂了，对丈夫说："我这么闹，就是为了让你能对我回心转意，为何你还要离开呢？"丈夫说："你这样吵闹的样子真的会让人越来越讨厌！我和你之间真的没有任何感情了，我只想离开，也求你放我们各自一条生路吧！"

听到丈夫的话，张嫣则越来越难过，她没事就与周边的女人诉说自己的遭遇，并称："如果没有孩子和丈夫，我以后该怎么办呀？我这么多年为了他们而活，现在却要让我受这样的折磨，怎么如此不公平？"当听到这句话的时候，邻居反问她："没有他们你就不活了？这个世界上没有谁，地球都照样转。"听完邻居的话，张嫣瞬间感觉自己以前都不知道是如何走过来的，她站在镜子前看看自己，蓬头垢面，衣服也是多年前的老样子，虽然才40多岁，但是看上去自己却像个老太婆。

张嫣在心里面不断地盘问自己，这些年，自己都在做什么？怎么将自己变成了这个样子。再看看那些女人，和自己同龄，有的甚至比自己年龄还大。她们每天独立自主，丈夫在不在家，她们都会一如既往地打扮自己。照顾孩子，也将自己照顾得很好，这才是一个真正的女人吧。

顿时醒悟的张嫣不再吵闹了，她痛快地和丈夫离了婚。报了学习班，想将大学里的英语特长重新拾起，然后开始打扮自己，想重返职场。自此之后，她开始正式地为自己而活。经过一段时间的调整，她像变了个人似的，看上去也时髦多了，精神状态极好。她开始努力工作，然后期待升职。如今的她，终于明白：时光可以让一个女人变成人人讨厌的怨妇，亦可以让女人容光焕发，鲜活昂扬。

亦舒说："读那么多书干吗呢？就是在紧要关头，可以凭意志维持一点自尊：人家不爱我们，我们站起来就走，不作无谓的纠缠。"的确，分手很多时候就像一场宴会，美味已经吃完了，剩下的都是残羹剩饭，不走待何时？是否一定要让自己倒了胃口才肯离开？这个世界上，没有真正能回得去的感情，就算真的回去了，你也会发现，一切皆已面目全非。所以，当爱的时候，请深爱，当爱逝去时，与其相互折磨痛苦撕扯，不如学着优雅转身。

不可否认，失恋或婚姻破裂，对任何人来说都是一杯难咽的苦酒，尤其对情感细腻的女性来说，那种烙在灵魂深处的伤痛有可能会一直伴随着自己整个的生命旅程。但是，你要知道，在爱情的世界里，不是每一朵花都能如期地开放，也并非每一朵花都能结出果实来，对于感情来说，当你爱一个人而得不到回报的时候，在你付出千般努力也无法得到一个许诺的时候，在你因爱而受到伤害的时候，与其苦苦地挣扎其中与自己较劲，不如坦然面对，优雅地转身，重新找到属于自己的幸福和快乐。

失去的已经失去，人生的道路还很长。失去一段不属于你的恋情，并非真的会那么遗憾，因为，在你的生命里必定还有一段更完美的、属于你的爱情在等着你去投入。所以当爱情走远时，你一定要学会优雅转身！

得不到你所爱的，就爱你所得到的

人生的际遇总是很奇妙，不是相遇得太早，就是相逢得太晚。不是冲动在制造伤害，便是时间在创造遗憾。面对情感的伤痛或遗憾，与其为了得不到的苦苦折磨自己，不如珍惜你所得到的。

静和强是一个单位的员工，从看见强的第一眼起，静就爱上了这个帅气的大男孩。而强却不爱她，他只喜欢梅。梅是个标准的大美人儿，眼光可高了，尽管强总是缠着梅，却得不到她的一丝欢心。后来，梅嫁给了一个海归，强就彻底地绝望了。

一天晚上，静约强出来散步，婉约羞涩地向他表白了。强被这突如其来的爱情震惊了。但是，强知道，自己内心不喜欢静，为了不给对方造成伤害，就拒绝了她。强对静说，他爱的女人不爱他，他谁也不会再爱了，心已死，现在不想谈朋友，让静以后不要再来找他。

静哭了一晚，上班的时候也会无故流泪，同事都感到莫名其妙，问她原因她也不说。几天下来，静仍旧不停地哭泣。强有点心软了，终于答应试着接受她。

强和静的恋爱一点也不浪漫。他们没有看过一场电影，没在外边吃过一顿饭，强因为心中还装着梅，对静很冷漠。即便是这样，静也愿意和强交往，她给强洗衣服，做他爱吃的饭菜。强生病时，她无微不至地照顾他。

后来，强就和静结婚了。但是强依然对静不体贴，家务活都是静一个人承担。一天，静在买菜回来的路上，被一辆大卡车夺走了生命。等强带着孩子赶到现场的时候，静已经永远地闭上了双眼。

此时的强悲痛欲绝，他将死去的妻子深深地拥入怀中。回想过往静的辛苦，回想起静的好，泪水一滴滴地落在静苍白而又瘦削的脸颊上。

清明时分，强给静扫墓，他跪在静的坟前，哭红了双眼，抚摸着妻子的墓碑说道："亲爱的老婆，你知道吗？直到今天我才知道我是多么地爱你。我爱你，但我永远也尽不了一个丈夫的义务了。过去我总是冷落你，现在想想自己真的是个浑蛋。下辈子请让我好好地照顾你，爱你一辈子，好吗？"可是静再也听不到了。

人总是这样，当我们失去的时候，才真正懂得曾经拥有的东西是多么珍贵；总是渴望自己未得到的，而忽略了自己所拥有的。殊不知，眼前的一切是多么不易才来到我们身边的。

所以，当我们不能得到自己所爱的时候，我们应该努力去爱我们所得到的，不能因为执着于那些未得到的东西，而将那些自己已经拥有的美好东西也丢弃了。

结婚后，她一直给他做洋葱吃：洋葱肉丝、洋葱焖鱼、香菇洋葱丝汤、洋葱蛋盒子……因为她第一次去他家，他母亲拉了她的手，和善地告诉她——虽然他从不挑食，但从小最爱吃的是洋葱。

她是图书管理员，有足够的时间去费心思做一款香浓的洋葱配菜，但他总是淡淡的。母亲为他守寡近20年，他疯狂爱着的女子母亲却不喜欢，而他对她的选择与其说爱，不如说是对自己孝心的成全。

她似乎并没有察觉到，百合花一样安静地操持着家，对他母亲比他还上心，妥帖周到。婚后的第四年，他们有了一个乖巧可爱的女儿。

平顺的日子一日日复印机一般地掠过，再伤人的折磨也钝了。当初流泪流血的心也一日日地结了痂，只是那伤痕还在，隐隐地，有时半夜醒来还在那里突突地跳。

那天他去开研讨会，与初恋情人小玉相遇，年少的激情重新点燃了一对不再年轻的苦情人。

母亲已经故去，他觉得自己毫无顾忌，每年他都以开会或者公差的名义去找小玉。妻子单位组织旅游的时候，他还甚至让小玉来过自己的家……这一切都"幸运"地没有被发现。

平地起风云，妻子突然被查出得了卵巢癌，已经是晚期了。住进医院后，女儿上学需要照顾三餐，成堆的衣服需要清洗，家里乱成一团。那次他在家翻找菜谱时，在抽屉里发现了一个带扣的硬壳本子。打开，里面竟然有几根长发。自结婚后，妻子一向是贴耳短发。他好奇地看下去，原来这是小玉留下的，还有那些相片，原来，他背着妻子做的一切，妻子都心如明镜，却故作不见。几乎每页纸上都写着这么一句话：相信他心里是爱着我的，后面是大大的几个叹号。

他心里一片空白地去医院，握住妻子磨粗的手，问她想吃什么。妻子笑着说，你会做什么菜，去给我买一份鸭血粉丝汤吧。她每天做好他爱吃的洋葱，熨好他第二天要穿的衬衣，在家等他，二十多年了，他却从来不知道在南方长大的她最爱吃鸭血粉丝汤。

妻子走后，他掉魂一样地站在厨房里为自己做一道洋葱肉丝。傍晚时分，一个站在九楼厨房里的男人拿着一瓣洋葱流泪发呆，他终于知道真正的爱情就像洋葱：一片一片剥下去，总会有一片能让你泪流满面……

生活中，我们活得不幸福，是因为我们不懂得珍惜当下我们所拥有的。我们总是将眼光放在失去的东西上，而忽视我们当下所拥有的，殊不知，你本身所拥有的东西才是你能够真正把握的，只有认真地爱你所拥有的，才能感受到真正的幸福。

最不能强求的，莫过于感情

强求的爱情，就像到树上摘一枚不熟的果实一般，最终得到的只有苦涩和悔恨！的确，爱情很多时候就像摘果子，摘得太早，果子还未成熟，又苦又涩，难以下咽；摘得太晚，果子已经完全熟透，要么滑落枝头，要么已被人占先。在恰当的时候采摘水果，既是一种智慧，亦是一种缘分。人这一辈子，摘到一枚可心的水果已属不易，能在水果最丰美的时候捧在手心，纯属一种造化。可现实中，总有人会因勉强而为情所困，或者因强求爱情而丧失自我，然而世界上最不能强求的，莫过于感情。

一个女孩为了追求自己暗恋多年的男孩，曾经发誓一定要变成他所希望的样子，为此她把自己辛辛苦苦挣来的钱都用在了整容上，并且还把要给年迈父亲的生活费一减再减，自己必要的社交几乎也停止了。可是当她最后一次整完容之后，那个男人已经和他的未婚妻出国留学去了。这个女孩也只能够暗自悲伤，长时间节衣缩食，让她的健康状况越来越差，工作业绩也一再下滑，更为严重的，年迈的父亲因为没有足够的钱治病，也去世了。

女孩的遭遇太过可怜，是偏执的生活态度使她成了上帝的弃儿。我们知道，爱情只是一种感觉，很多时候都是强求不来的，强求的爱情，只会让人生活在黑暗之中，你把所有时间、精力都用在去讨好另一半，这样的生活只会让人疲惫不堪、失去优雅或风度，甚至还会让人失去自尊。

　　张爱玲说，于千万人之中，遇见你所要遇见的人，于千万年之中，时间的无涯的荒野里，没有早一步，也没有晚一步，刚巧赶上了，那也没有别的话可说，唯有轻轻地问一声："哦，你也在这里?"爱情，很多时候，极难有不早不晚的"刚刚好"。人生中，有些缘分来得早，有些缘分注定会来得迟。真正聪明的人，对爱情都保持随缘的态度。随缘可以使我们保持一颗淡然恬静的心，使人能够更为理智地看待生活中的得与失，在任何时候都能保持冷静和从容。

　　蕾蕾是一个长得很标致的女孩子，凡是见过她的人，都会被她的容貌所吸引。因为长得漂亮，所以单位中的许多男同事都喜欢她。面对诸多的追求者，蕾蕾很不以为然，因为她一直喜欢晓雷。晓雷也是蕾蕾的同事，只是与她不在同一个部门。

　　虽然蕾蕾暗恋晓雷许久，但是晓雷对蕾蕾却毫无兴趣，蕾蕾自己也感觉得到。

　　蕾蕾将心事告诉了她最好的朋友，朋友则劝她说，既然爱他，就不要错过了，可以借机向他表白才是!

　　有一天下班后，蕾蕾终于鼓足勇气主动在公司门口等晓雷，见到晓雷后，便主动向他说明，自己其实已经喜欢他好久了。

　　面对此，晓雷吃了一惊，但是最终还是十分遗憾地说，自己已经有了女友，而且两人过得很甜蜜，正准备结婚呢!

　　听到此话，蕾蕾心里有些失落，但是，她依然微笑着，祝福了晓雷。

　　事后，朋友问她心里是否很难过，而蕾蕾则笑着说："我已经将我的爱表达出来了，心里已经没有遗憾了。感情的事要看缘分，没有如我所愿，只说明我们没有缘分而已，没有什么可伤心的呀！"

蕾蕾这种对待爱情坦然、淡定的态度，让我们敬佩。面对爱，她敢于勇敢地表达出来，纵然没能如自己所愿，也没有表现出伤心和难过，这是一种睿智的生活态度。

聪明的人，都是以一种随缘的态度对待爱情。他们不从众，不会为迎合男人而委屈自己。他们乐观、自信，并且不急功近利。他们思维不偏激，行事不过头，既不置别人于死地，也不对自己苛求。他们全力投入生活，但并不会渴望生活回报给自己更多。他们在爱情中也是充分地享受快乐和幸福，且不会太在意对方会给自己什么。

爱与被爱，都是件让人幸福和快乐的事情，不要让这些美好的事情因为强求而变得痛苦。对于不爱自己的人，我们要学会理解、放弃和祝福，不要枉费精力，在得不到的感情中苦苦折磨自己，浪费了自己最宝贵的青春年华。

第六章

专注自我，你可以不被任何事情掌控

　　人的烦恼就在于：忘了自己的事，爱管别人的事，担心老天的事。所以要祛除烦恼，避免外在世界的干扰，就要懂得专注于自我，即只关注自己内心的所思、所想，去做自己想做的事，这样才能屏蔽外界的一切干扰，不为他人的意念所左右，更不会因为他人的无理而置自己于烦乱之中，也不会总在鸡毛蒜皮的事情上纠缠不清，才能全身心地在自我的世界里做自己，集中所有的能量去成就卓越，取得成功。

　　专注自我，其实就是做本色的自己。在你的世界里，你是你内心世界的王，在你的王国里要有法律，这法律便是你所坚持的原则。一个拥有自我本色的人就是绝不做原则不允许做的事情，让自己的内心和行动保持最大程度的一致。

　　本色可以让一个人保持在最舒服、最放松、最自信的生活状态中，这种状态可以最大限度地激发一个人的能量，甚至可以让其超水平发挥，做出一番大的成绩。要想保持本色，实际上就是把握自己的个性，发现自身的优点，认识自己的缺点，将自己的独特个性和优势充分地发挥出来。

世上烦恼事很多，内心强大者只关注自己

生活中，每个人也许都有这样的体验：感到压力很大，内心极其疲惫，于是便渴望放下一切通过旅行去释放内在的不快和郁闷。同时又想重新选择一份自己喜欢的职业，或者想舍弃当下拥有的，去学习一直想学而没机会学的舞蹈或乐器等。你将你的想法告诉周围的朋友，朋友便会打趣说：那你去呀，去做你想做的事情呀！而这时你却又打了退堂鼓，心中开始不断地盘算着：自己苦心经营起来的事业该怎么办？家庭又该怎么办？已经得到的名与利该如何舍弃呢？难道统统都要放下吗？在不断的纠结中，我们的心灵便也被牢牢地制约住了。或者，你已经被现实的某些力量所操控。于是，各种思想开始在脑中翻腾，内心也在挣扎中更加疲惫和劳累。而其实，你这些所谓的"累"，是因为你对外界太过关注而产生的。这个时候，就要学会与自己和解，即懂得将你的专注力从外在转向内在，去全身心地关注自己的内心，并为其修行。

苹果公司灵魂人物乔布斯在刚出生时即被母亲抛弃，被一对蓝领夫妇所收养。在他很小的时候便得知自己是被人丢弃的孩子，并在那时就偏执地认为母亲之所以狠心抛弃他，是因为当年觉得他的出生本身就是一个天大的错误。于是，自卑、孤僻便在他心中发芽。经常被人看作"怪物"。面对外界对他人格的种种质疑，乔布斯毫不放在心上，只是专注于自己的内心，专注于自己感兴趣的事情。

乔布斯的一位朋友曾这样评价他：他只要对一样东西感兴趣，就会把这种兴趣发挥到非理性的极致状态，并且他要从这里面获得

乐趣。其实，乔布斯的一个过人之处便是知道如何做到专注。"决定不做什么跟决定做什么同样地重要。"一位同事曾这样评价工作中的乔布斯，"当他不想被一件事情分散注意力的时候，他会完全地忽略它，就好像此事完全不存在一样。"

其实，人具有极强的社会属性，自从落地的那一刻，便通过啼哭来与社会联系起来，这也是对这个新世界的回应。随后，在成长的每一天，其无不是以好奇心来探索和认识这个社会的。因为好奇心，我们一直关注着身边的世界。我们想了解某项事物，我们就去学习相关的知识。我们想结交某人，就会去探究其性格。我们想拥有某些东西，就去努力奋斗。看似我们在满足自己，实际上，我们更多的是在被外在的力量牵着走。

在日常生活中，你是否也有过这样的经历：夜很深了，你的心中总是缠绕着无尽的忧虑，似乎全世界的重担都压在你的肩膀上。如何才能赚更多的钱？怎样才能得到一份薪水更高的工作？如何才能拥有属于自己的一套住房？如何才能获得上司的信任与好感？如何做才能搞好与同事们之间的关系？……你脑中有如此一串串的烦恼、难题与亟待要做的事在那里滚动翻腾！你开始意识到，真该休息了，不然明天又会迟到，这个月的奖金又没了……开始有意识地控制自己，但是最终这一串串的思绪还是东飘西荡地翻滚着：明天的粮食会不会涨价？明天上班该穿哪一件衣服？你这一夜仿佛真的无法入睡了！

这时的你，就要学着与内心挣扎着的自己和解，将"不要怕，一切由它去吧""一切都会好起来的"等此类的话对自己说上几遍，每说一次就做一次深呼吸，然后放松！对自己说的同时，心里也要这样想，将心中的恐惧、烦恼、仇恨、不安全感、内疚、悔恨与罪恶感从心中腾空，这样才能获得内心的平静。心灵上获得了平静，也就意味着人体味到了生命的真谛。

专注自我，别让你的能量被外界分散掉

将全身所有的能量集中于一个点上，才能发挥强大的威力并将对手击倒，这是中国功夫的精髓所在。同样地，要想获得成功，也需要你集中能量。而生活中，多数人的内在能量却是涣散的，这也是导致他们劳累、疲惫、痛苦、烦恼与不快的主要原因。比如，你是否总在意别人对你的评价？会不会因为别人一句无心的话而打乱自己的生活节奏？是不是很容易受外在环境的影响，比如工作、居住和生活环境等？是的，你的精力很容易因为外界的事或物而被分散。比如，你穿着一件漂亮的衣服满怀欣喜地去上班，但刚走进办公室，便听到有同事说，这衣服跟你的气质或肤色毫不相称，于是你开始郁闷至极，整整一天，你都无法打起精神应付工作，并且越来越觉得自己因为穿错衣服而变成了小丑。

其实这并不是你所希望的结果，但我们会轻易因为他人的一些言论而改变自己的内在精神状态，分散自己的精力。当你面对一脸严肃的老板时，自己不知不觉间便会觉得压力倍增，连本来想好要说的话，出口时也变得结结巴巴，因为你看到对方皱起的眉头便担心，我的工作是不是出了什么大问题，我刚才是不是说错了什么话？

有些时候，你很想好好地开展一项工作，却又担心同事会用异样的眼光看你。或是在做某件事情之前，你总是左顾右盼，担心不合老板的意思。最后，不仅没有将工作做好，还让自己整天生活在

极为压抑的状态中，急需突破或者改变。

很多时候，当你的思想或情绪受外界影响时，说明你的内在力量处于极为涣散的状态，你内在的定力不够。也就是说，当外界对你施加影响的时候，你要懂得去审视自己的内在，而不是被别人牵着鼻子走。比如，你刚到一家新公司，发现部门的同事工作起来都不那么认真，而你却想好好干，并且很想受到领导的重视。于是，面对问题，你总是能冲在最前面，在会议上，你也总能够积极发言，对工作提出有价值的意见。这时，你周围的同事可能会说："新来的菜鸟，拼命地在领导面前表现，难道是想尽快地爬到我们头上去！"这种风凉话一出口，如果你是个内在定力不足的人，那么你可能也就无法专注于工作了。而内心强大者，则不会受这些外在议论的影响，他们还是把精力全部放在工作中，毕竟这是自己未来生存和发展的基础。要知道，为公司或企业创造价值，是一个员工得以立足的根本。

你可能会说："完全不顾及外在的声音而专注于内在的自己，真的很难做到。毕竟那些声音总是出现在耳边。"但是你要知道，改变自己的过程，是需要毅力和勇气的，如果你可以坚持下去，那么你的内在将会变得异常强大，最终你也会变成真正独立的、全新的自己，你完全可以任意地自由支配自己的意愿，跟随自己内心的真实想法做到"知行合一"。否则，你也可能在别人的"眼光"中，沦为平庸者，或者一败涂地。就像赛跑一样，如果你总是关注其他队员的情况，你是极难获胜的，只有沉浸在自己所营造的"氛围"中，注意平衡节奏，才可能冲在最前头。

精力达人，都会主动避免坏情绪的干扰

生活中，那些身上挂着"精力达人""高效精英""工作红旗手"之类隐形牌匾的人，大都具有良好的情绪掌握力。他们只活在自己的世界中，只专注于自我，不会将自己的精力浪费在无关紧要的事情上，在任何情况下，都会主动地避免干扰，以百倍的专注力去完成既定的工作。

在工作的五六年时间里，刘寅在单位被人称为"精力收纳狂"。在他离开第一家公司时，老板曾对他三度挽留；与第二家公司分道扬镳后，经理用三个人填补他原先的岗位空缺；在当下的单位中，他也被同事称为"高效达人"。

除了顺利地完成当天的工作任务，刘寅每周都会保证自己阅读3～4本书，大部分工作日下班后就直奔菜市场买菜做饭；他想健身，因为没时间去健身房，所以就在家里置办了跑步机、健腹机等健身器材，可以抽出更多的时间来锻炼。尽管每天都会加班，但他还是会控出时间去博物馆当志愿者。很多同事曾问他精力为何总能分配得那么好，刘寅则说，在任何时候都别让无所谓的事情去分散你的注意力，耗费你的精力。具体来说，他会把一些网页设置成受限站点，上班时间不网购；在做需要注意力高度集中的重要任务时，把手机都调成飞行模式；路过茶水间的妈妈帮、相亲团聚众闲聊时，不宜久留；业余时间做自己喜欢做的事；等等。

事实上，成就大事者，都是不轻易浪费和耗费精力的人，他们能合理地分配时间，有极高的情商，能很好地控制自己的情绪，不

会因为情绪问题而置自己于焦虑、忧虑、担忧和痛苦中，他们只将专注力放在"当下"。

生活中，我们总是感慨他人所取得的成就、头衔、名望，而一心想要追逐，幻想着有朝一日也如他般耀眼夺目。而其实，鱼与熊掌，不可兼得。你想要得越多，干扰与麻烦亦会越多。一辈子能做的事本身就不多，我们千万不要因为情绪问题而干扰自己的精力。

其实，那些不凡者，之所以能够成就大事业，主要就是依靠一种乐观且稳定的情绪定力。

百度董事长李彦宏说："想想这十几年以来，我自己生命当中，经常说的就是认准了就去做，不跟风，不动摇，同时对自己要有清晰的判断，一个人应该做自己最擅长的事情，同时也做自己最喜欢的事情，这样的话，做成的概率会很大。"

......

"坚持""稳定情绪""认准就去做"等，这些都是高情商的重要体现，正是这些品质和精神造就了他们人生的不凡。

个人能否取得巨大的成就，其中一个最重要的因素就是能否保持镇定、集中精神，让大脑时刻处于井然有序的状态，即便面临再大的危机时也是如此，其实这就是所谓的"情商"。从小的角度来说，这种精神状态可以使你最大限度地释放你的能力，帮助你解决眼前的困难和问题；从大的角度来说，良好且稳定的精神状态能帮你找到人生轨迹，使你全身心地专注于你的事业，所以，如果你想成为一个不凡者，就要学会合理地掌控自我的情绪，避免不必要的干扰。

忧虑时，就让自己"忙"起来

其实，在生活中那些专注于自己手中工作的人，很少会因为忧虑而精神崩溃，因为他们没有时间去享受这种"奢侈"；在烈日炎炎下劳动的人也没有时间去忧虑……所以，遇到忧虑，不去想它，让自己忙碌起来，你的血液循环就会加速，你的思想就会开始变得敏锐——让自己的手脚一直忙着，让思想专注于眼前的事，这是治疗忧虑最好最有效的良药。

身为单亲妈妈的玛丽曾经遭遇过两次不幸，第一次是她可爱的五岁女儿因为患病匆匆地离开了她，当时她简直被这件事击倒了。然而，更不幸的是，半年后，她的爸爸因为意外的车祸也永远地离开了她。这接二连三的打击使人无法承受。那段时间，玛丽为此吃不下饭，无法休息或放松，精神受到致命的打击，信心丧失殆尽，吃安眠药和旅行都没有用。她的身体好像被夹在一把大钳子中，而这把钳子愈夹愈紧。

不过，感谢上帝，她还有一个八岁的儿子，他教给了玛丽解除忧虑的方法。一天下午，玛丽呆坐在那里为自己难过时，儿子对她说："妈，你能否给我做一条船？"

她实在没兴趣，可这个小家伙很缠人，她只得依着他。

造那条玩具船大约花费了玛丽三个小时，等做好时她才发现，这三个小时是她许多天来第一次感到放松的时刻。

这一发现让本来痛心不已的玛丽如梦初醒，她几个月来第一次有精神去思考。她顿时明白，如果自己忙于工作，就很难再去忧虑

了。对她来说，造船就把她的忧虑整个都冲走了，所以玛丽决定与
其让自己闲着胡思乱想、忧心忡忡，不如让自己不停地忙碌起来。
也就在那一天晚上，玛丽巡视了每个房间，把所有该做的事情列成
一张单子。有好些小东西需要修理，比方说书架、楼梯、窗帘、门
把、门锁、水龙头等。两个小时内，她为自己列出了 200 多件需要
做的事情。

从此，玛丽的生活中充满了启发性的活动：每星期两个晚上她
到市中心去参加成人教育班，并参加了一些小镇上的活动，偶尔她
会协助红十字会和其他机构去募捐等。那些忙碌的事情已经让她无
暇去忧虑。

"没有时间去忧虑"，这也是英国首相丘吉尔在战事紧张到每天
要工作 18 个小时时说的。当别人问他是不是为那么重的责任而忧虑
时，他说："我太忙了，我没有时间忧虑。"其实，人生有很多的忧
虑是空想的结果，这些都是对当下生命的一种浪费。所以，当你处
于忧虑状态的时候，不妨给自己找些事情来做，它是驱赶忧虑最好
的良药。

卡耐基说："无所事事者常会给自己留下忧虑的时间，置自己于
痛苦之中；而忙碌的人，尤其是忙于帮助别人的人，就没有时间沉
湎于忧虑中。"

让自己不停地忙着！忧虑的人一定要让自己沉浸在工作中，否
则只会在绝望中挣扎。人生在世，只有短短几十年，如果你为一些
一年半载就会忘了的人生小事而忧虑，浪费了很多时间，请你仔细
想一想：值吗？

戴尔·卡耐基在他《人性的弱点》一书中，曾给那些生活在苦
恼中的人们制订了一份计划，这份计划的重点就是：用具体的行动

去充实生命的每一个"当下"。

今天我要用行动来提升我的心灵。我要学习，不让心灵空虚。我要阅读有益身心的书籍，提高我的修养。

今天我要做三件事：我要默默地为某个人做一件好事，我还要做一件我以前不愿做的事，再做一件不敢做的事。做这些事的目的，只是为了锻炼我的勇气和勤勉，让我不致懈怠。

今天我要让自己看起来更美丽。我要穿着得体、举止大方、谈吐优雅。我要多予赞赏，少做批评，不让自己抱怨，不去挑任何人的毛病。

今天我要全心全意地只过好这一天，不去想我整个的人生。一天工作 12 个小时固然很好，可如果想到一辈子都要这样度过，我自己都会觉得恐怖。

今天我要制订计划。我要计划每小时要做的事。可能不会完全按照计划实现，但我还是要计划，为的是避免仓促和犹豫不决。

今天我要给自己留半个小时的时间静息片刻，让自己思考一下自己的人生。

今天我要很开心。只有现在的行动才能给我带来无尽的幸福和快乐。

……

为了从此不再让烦恼纠缠自己，请立即行动起来吧，只有让自己切实地行动起来，才能让内心获得平静和充实，才能让自己把握机会，让自己看到更为光明的未来。

别因为他人的看法，而捆绑了自己的手脚

今年刚从一所名牌大学毕业的张涵在一家电视台做实习编辑。她的目标就是顺利地通过实习，然后成为其中的正式员工。在接下来的三个月时间里，她每天都很努力。每当上司交给她一个任务，她都会绞尽脑汁去完成，但结果总是不尽如人意。

一次，上司交给她一项任务，要求她去完成。她经过苦苦思索后，完全按自己的想法做出了一个自认为还不错的方案交了上去。

可是上司却对此方案不满意，便对她说："想法不错，但执行成本太高""这个地方，这种错误不该犯的"……经过一番痛批后，便要求张涵继续改良。对张涵来说，上司的批评已经使她对这个方案的激情减了一大半。接下来，她在修改方案的时候，总会不时地想，上司会不会觉得我特别笨啊？到实习结束的时候，他大概是不会让我留下了！我是不是真的不适合做这项工作？……张涵的脑中已经完全被恐惧所侵占，已经没有心情去全身心地研究工作方法这件事情。

随后，张涵按照上司的意见，对方案进行了第二次的修改，与往常一样，上司又指出了其中的一些错误和意见。这时，张涵对这项工作的激情已经完全没有了，她只是默默地记下了上司的意见，并一板一眼地予以修改。第三次，上司终于还是勉强接受了她的方案。

就这样，这个方案经过接二连三的修改之后，张涵意识到这个方案已经距自己当初的设想相去甚远了。更让张涵担心的是，自己

即便已经依照上司的要求一步步地修改完了，但上司接受得很勉强，自己的工作能力完全没得到上司的肯定。如此下去，自己要顺利通过实习期的愿望岂不是要泡汤了？于是，之后她几乎每天都在恐慌不安中度过，生怕再做错事，忧心忡忡。

对于张涵来说，她费尽心思，还是没能获得上司的肯定，因而纠结不已。出现如此糟糕的结果，是因为她没有将自己的主要精力放在工作上，而是总在猜测上司对自己的看法。在修改此方案的过程中，她为了迎合上司，一步步地放弃了自己原来的想法，不断地猜测上司想要的结果。甚至为了不让上司再对自己失望，她只是一板一眼地按照上司交代的步骤去做，最终她也只是交出了一份勉强合格的答卷。实际上，张涵完全可以按照自己的想法，并结合上司给出的意见，进行再次创新，超常发挥，一定会得到不一样的结果。对于张涵来说，与其说她是因上司的挑剔而心烦意乱，不如说她是被内心的恐惧所折磨。

其实，生活中很多人的烦恼皆源于对他人看法的太过在意，他们因为内心缺少自信，没有将目光锁定在目标上，没将心思用在正题上，整日被担忧、患得患失等空耗精力。

其实，无论遇到什么事，让自己全身心地沉浸在事情本身的快乐中，享受其中的乐趣才是最重要的，别人的评价只是一种外因，这种外因如果是好的建议，你大可以采纳从而更好地完成事情；如果是无关痛痒的品头论足，于改进无益，那你就大可以将其忽视。

大学毕业后便进入一家广告公司的晓慧，担任公司的行政助理。虽然，她的学历并不高，但是对工作却充满了热情，做事特别有干劲儿，深受大家的喜爱。而公司的市场部经理就是一个重能力而轻学历的人，他看到了晓慧身上的闯劲儿，于是就大胆地将晓慧调到销售部门，并让她负责一个区域的销售工作。

为此，市场部经理就经常与晓慧在一起谈工作，两个人在一起的时间多了，久而久之，办公室就传出了他们关系暧昧的流言。看到同事们都在用异样的眼光看自己，晓慧十分揪心。随后，这件事情就成为其他同事茶余饭后的谈资。晓慧当时感觉受到了莫大的委屈。但是她又坚信：流言止于智者，清者自清，浊者自浊，时间会证明一切的。在那段时间里，晓慧仍旧埋头努力工作，将精力都用在了工作上。几周后，大家都觉得流言之事经不起推敲，也就没人再提起此事了。

一段时间后，有人打电话告诉晓慧传播她谣言的"真凶"，而晓慧则说："这件事情已经过去了，不要再提了。"经过努力，晓慧很快成为销售部的精英，不久便又升了职。

晓慧无疑是聪明的，面对流言蜚语，她只是淡然视之，仍旧埋头做好自己的事，最终流言便不攻自破。如果晓慧得知传播她谣言的"真凶"后，大发脾气，与其大吵大闹，事情可能就会越描越黑，还会影响到工作，从而阻碍她的工作生活。

如果你因为太过在意别人对你的评价或者看法而产生恐惧或忧愁甚至痛苦时，不妨先停止手中的工作，问一问自己："你做此事的目的是什么？你工作是为了解决问题，还是为了受到周围无关紧要的事情的表扬呢？"如果确认完毕，那就按着你所认为的正确的"路线"走下去，不必在意他人的看法，随着时间的推移，你的能力就会得到凸显，你的出色表现会让所有的流言和对你怀有恶意的人哑口无言。要知道，关注事情本身，要比在无关紧要的事情上空耗精力要有趣、有意义得多。

别总在小事上纠缠不休

很多人能勇敢地面对生活中的那些大风大浪，结果却常常被一些小事搞得垂头丧气。生活中，我们的忧虑很多时候都来自看似无足轻重的小事，身为部门主管的张女士也发觉了这一点：她手下的人能够毫无怨言地从事危险而又艰苦的工作，"可是，我却知道，有好几个宿舍的人彼此间都不怎么说话，因为怀疑别人把东西放乱，占了自己的地方。有一个讲究空腹进食细嚼健康法的家伙，每口食物都要咀嚼 28 次。而另一人一定要找一个看不见这家伙的位子坐着才吃得下去饭。"

据调查，"小事"如果发生在婚姻生活中，还会造成世界上半数的伤心事。洛杉矶的一位法官在仲裁过四万多件不愉快的婚姻案件之后这样说道："婚姻生活之所以不美满，最基本的原因往往都是一些小事。"

2000 多年前，雅典的政治家伯利克里就曾经留给人类一句忠言："请注意啊，我们已经将太多的精力纠缠于一些小事情了！"安德列·摩瑞斯在《本周》杂志中也有类似的提醒："这些话曾经帮助我经历了很多痛苦的事情。我们常常因不屑一顾的小事，弄得心烦意乱……我们生活在这个世界上只有短短的几十年，而我们浪费了很多不可能再补回来的时间，去为那些一年半载之内就会忘掉的小事发愁。我们应该把我们的时间用于有意义的行动和感觉上，让我们的思想变得伟大，去体会那些真正的感情。因为生命太短促了，不该只顾及那些无聊的小事。"的确，生活是由一系列的小事组成的，但如果我们过多地拘泥、计较这些小事，那我们的人生也没什么意义和乐趣可言了，而且我们触目所及的必然都是烦恼、痛苦、矛盾与冲突。

一位作家，平时在家里写作的时候，经常被邻居家里小孩的吵闹声烦得要发疯，他每天都很不高兴，有时甚至想站在窗口对着邻居家的窗户破口大骂，但他最终忍住了。

有一天，他和几个朋友出去露营，在帐篷中小憩的他，时不时能听到外边小孩的嬉戏声，他觉得那声音简直美妙极了，这声音和邻居家小孩的声音不是一样的吗，为何自己会喜欢这个声音而讨厌那个声音呢？回来后他告诫自己：在大自然中嬉戏的小孩的声音很好听，邻居家小孩的声音也差不多。我完全可以全身心地投入我的文字中，不去理会这些噪声。结果，头几天他还会注意邻居家里传来的声音，可不久他就完全将它们忘了。

很多小忧虑也是如此。我们不喜欢一些小事，结果弄得整个人很沮丧。其实，我们都夸大了那些小事的重要性……正如狄士雷里所说："生命如此短暂了，何必只顾及那些小事。"

哈瑞·爱默生·富斯狄克讲过这样一个故事："在科罗拉多州长山的山坡上，躺着一棵大树的残躯。自然科学家发现，它已经有400多年的历史了。在它漫长的生命历程中，曾被闪电击中过14次，曾被无数的狂风暴雨侵袭过，但它最终还是挺过来了。但在最后，一小队甲虫的攻击使它永远地倒在地上。那些甲虫从根部向里咬，渐渐地伤了它的元气。虽然它们很小，却是持续不断地攻击。这样一棵森林中的巨树，岁月不曾使它枯萎，闪电不曾将它击倒，狂风暴雨不曾将它动摇，却被一小队用大拇指和食指就能捏死的小甲虫弄倒了。"

我们人类不正像森林中那棵身经百战的大树吗？我们也曾经历过生命中无数的狂风暴雨的袭击，也都撑过来了，可是却往往因对一些小事的忧虑而一蹶不振。

实际上，有许多的小事情别人并没有在意，只是你自己过于敏感罢了。所以，当你在为一些小事忧虑时，建议你暂时把注意力从那些小事上转移一下，往快乐的方面想一想，保证你心情舒畅，无忧无虑。忙碌起来吧，我们的大脑不能让忧虑有空子可钻；大度点吧，否则忧虑这小甲虫就有机可乘了。

专注于生活，让细节"滋润"你的心灵

生活中，总有一些高姿态者，总希望自己能够成为人群的中心，希望每个朋友都能够时时地关注他。这其实是内在的虚荣心在作怪。心理学上有一个著名的论调是说，一个人炫耀什么，说明他内心缺少什么。其实，越是想引起他人关注的人，其内在越缺乏智慧的沉淀，缺乏内涵。纵观你周围的人，越是有实力者，其行为便越低调，他们不会在朋友面前扯皮吹牛，而只会安静地听别人说，适时发言，好像有一种与生俱来的优雅格调。

时时爱在他人面前以高调的"表演"来引起他人关注的人，很容易因为迷恋其外在的表现而忽视了自己内在的提升。这样的你，不妨尝试着让自己的内心丰富起来，从而放低自己的心态，让自己在"自我"的世界里享受快乐和幸福。

当然，要想丰富自己的内心，首先要学会用心去体会生活中的美好。每个人的生活都是由一系列的具体的小事组成的，如果我们

能用心做好每一件事，并能从中体会快乐，享受过程，那么你就会慢慢地变得富有内涵。

张薇从一所著名的传媒学院毕业，走入社会后，她没有像其他同学那样四处奔波去找工作，而是开了一家属于自己的糕点店，亲手做各种好吃的糕点以支撑店面的生意，每天都忙得不亦乐乎。几年后，她的同学有的进了电视台当起了主播，有的则进了报社，做着体面的工作。与其他同学相比，在世俗眼中，张薇的生活状态似乎是最糟糕的。然而，她却丝毫没有失落感，每天只是精心地做着自己的糕点，笑吟吟地面对来往的顾客。一次，她参加同学聚会，安静地听着大家说工作的事。有的问她："你条件那么好，为何非要去卖糕点呢？而且有时候还入不敷出，苦苦经营，你不是自找苦吃吗？"而张薇则说："做糕点是我人生最大的喜好，虽然赚不到什么钱，但我乐在其中呀！"看到张薇神采飞扬地诉说自己做糕点的心得，大家都不免露出惊讶的神情，甚至还有不少同学找她聊天。

张薇之所以能够活得快乐，原因在于她是在为自己而活，她能从自己所从事的职业中体会到无比的快乐。生活中，很多人总是带着极强的功利心，希望自己在他人眼中有地位，为了成为他人羡慕的对象，带着极强的功利心拼命追求财富、地位，这样的人内心是空虚的。

其实，每个人都有属于自己的精彩，都应该为自己而生活！如果你时常感到精神疲惫、内心空虚，就不妨将目光转向自己的生活，扪心自问：你工作的内容是什么？下班后，你是否会约上朋友小聚？回到家，与家人共享天伦……而且要学会从一件事情中，找到生活的意义，懂得从细节中享受过程，而不是为了争"面子"而委屈自己去费神劳力。

刘欣已是一位有着 4 年工龄的幼儿园老师了，最近，她似乎有了职业倦怠，逢人就抱怨自己的工作有多苦、多累、多无聊。可是直到有一天，当她上了一天的课，累得瘫坐在教室的书桌前时，一个 3 岁多的小女孩走上前去，用小手抚摸着她，并用稚嫩的声音说："老师，你一定累坏了吧！我给你揉揉背吧！"这时，她的疲惫和劳累似乎一下子都消失了。从此之后，她开始不抱怨了，而是学着积极地关注每一个孩子的成长，并认真地融入他们的生活，她很快从自己的工作中找到了乐趣。每当与孩子们一起搭积木，看到孩子们专注的眼神，她便会觉得幸福十足。

生活是由一系列的"细节"构成的，当你真正地融入其中，并从中体味到美好时，便会觉得你的内心是充盈的、丰富的，久而久之，你的心灵便能得到滋润，外界的浮华、虚荣便再也打扰不到你了。

扔掉沉重的"面具"，不和别人争面子

有时候，我们的怒气都是"死要面子"的结果：与朋友为一句话而争论不休，其实就是为了让众人承认自己是正确的；因为一点小事与爱人争吵，就是为了让对方臣服于自己；明明过得不幸福，却爱在众人面前"秀"恩爱，最终劳心劳力；明明囊中羞涩，还要装出一副富有者的样子，当对方开口向你借钱时，只能想尽各种办法推脱，最终伤了和气……可以说，面子是一副沉重的"面具"，只要背着它，就容易与人发生冲突，伤和气。

孙皓在一家公司已经做了三年的普通职员，而他的一个朋友赵

磊则成立了一家公司。为了庆祝公司成立，赵磊在酒店邀请了过去的一帮朋友欢聚一堂。朋友们玩得很高兴，都祝赵磊生意节节攀高。这个时候，孙皓突然说："赵磊放心，你的单子我给你包了。"

其实孙皓明白，自己根本没有那么大能耐，可是为了面子，他还是毫不犹豫地说了出来。结果，这句话所有人都记住了，朋友们都说孙皓够义气。一瞬间，孙皓感觉自己很伟大，于是夸下了更多的海口，引得朋友们无不羡慕。

几天后，赵磊去找孙皓做单子。这下孙皓慌了，因为他自己根本就没有什么把握。

可是孙皓意识到，如果这个时候拒绝，那么自己无疑丢了大面子。于是，他不得不帮赵磊忙活起来。一个星期过去了，孙皓一个合适的单子也没有给赵磊做成，但是赵磊也并没有不高兴，只是说："看你说得那么胸有成竹，相信你能行的。现在看来，我还是找别人吧，你不要为难了。"

可是，为了顾全面子，孙皓还是决定要给朋友看看自己的"能力"。不过，几次三番的失误，不仅让赵磊也受到了连累，就连孙皓自己也花了不少冤枉钱。从这之后，朋友们开始感觉孙皓并不像他自己说的那样，于是对他产生了一丝反感。而孙皓自己自然也高兴不到哪里去，人缘差了，脾气也越来越暴躁。

正所谓"死要面子，活受罪"。孙皓正是因为"死要面子"，最终不仅让自己失了面子，而且还耗费了自己不必要的精力，真是自己找"罪"受。其实，与人交往，不应该互相攀比，表里不一，只说不做，为了面子而说出不诚实的话，做出不靠谱的事，只会伤了和气，还让自己背上沉重的精神压力。

有人考证，潇洒、明朗、自由、洒脱是从"不要面子来的"，而

"死要面子"就得"受活罪"：明明没有钱，但为了显示自己活得比他人好，有能耐，就逢人摆阔气，装"款爷""富婆"，今天请吃请喝，明天喝五吆六，面子倒是要尽了，欠下一屁股债务后，暗地里只能吃咸萝卜；明明能力不足，但就因为撕不破义气这一张面皮，强装君子风度，握手言欢，答应帮朋友做一些力所不能及的事情，最终让自己跳进痛苦的深渊；夫妻间明明已经是同床异梦，毫无感情，家庭已成为一种摆设，但一想起面子，社会议论，就装出一副男欢女爱的面孔来支撑婚姻大厦，直到心力交瘁……

静下心来想想，又何必呢？人与人之间应当是平等的，彼此间也只有坦诚相见，才能让感情成为一种支撑，成为一种快乐的享受。要面子其实并没有错，但是不要让面子成为自己的一种负累。认真做自己应该做的事情，不做勉强的事，因为勉强本身不仅委屈了自己，也委屈了别人，最有面子的人生就是真实状态下有所收获的人生。

有位世界级的小提琴家在指导别人演奏的过程中，很少说话。每当他的学生拉完一首曲子之后，他都不多说话，只是亲自再将这首曲子再演奏一遍，让学生仔细地聆听，并从中学习一些拉琴技巧。

他在接收新学生时，都会事先让学习者表演一首曲子，想摸清学生的底子，再分等级进行教育。

这一天，他收了一位新学生，琴声一起，在座的每个人都听得目瞪口呆，因为这位学生表演得相当好，出神入化的琴音犹如天籁，比他自己表演得还要好。

学生表演完后，所有的人都认为小提琴家为了顾全自己的面子，一定会对这个孩子给予不好的评价，以显示自己的尊严。出乎意料的是，小提琴家照例拿着琴上前，这一次他却把琴放在肩上，久久没有动。最终，他又将琴从肩上拿了下来，并深深地吸了一口气，接着就满脸笑容地走下台去。这个举动令在场所有的人都感到诧异，没有人知道接下来会发生什么事情。

小提琴家只是缓缓地向大家解释道："这个孩子的演奏实在太完美了，我恐怕没有资格去指导他！起码在这首曲子上，我的表演对他可能只会是一种误导。"

这时候，大家都明白了这位小提琴家的胸襟，台下也顿时响起一阵热烈的掌声，送给这位演奏得如此美妙的学生，更送给这位小提琴家。

小提琴家不顾及自己的面子，勇于接受学生更优于他的事实，最终赢得了人们的热烈掌声，在他身上也正体现出一种令人赞叹的大师风采。他不为盛名所累，也不被人们的目光所限制，更充分地体现出一种极为可贵的真实和谦逊，最终为自己赢得了真正的尊重。

我们每个人都渴望得到别人的认可，但是我们不能仅仅为此而给自己套上面子的枷锁，让自己负重前行，并承受内心的煎熬。放下面子是一种智慧选择。放下的是面子，舍弃的是心灵重负，得到的是更为真实，更为自由、快乐的人生。

舍弃冗杂，人生只以活着为目的

人活一世，不应该总是抱怨经历了比他人更多的苦难。生命只有一次，不可能从头来过，不要让自己的生命在应有的时间里得不到体现，也不要让自己的生命在应有的时间里找不到自己存在于这个世界上最根本的意义，更不要等时间悄悄溜走后，才回过神来，噢，原来又是这么一天过去了。所以，请不要荒废你的生命，让自己的生命为你的人生去创造属于自己的光彩，无论是喜剧还是悲剧，无论是笑声还是哭声，无论是欢乐还是忧郁，一样要全情投入这就是人生的丰富。

人活着是为了什么？人生的意义是什么？有人说是以服务为目的，有人说是以追求过程中的真善美为目的，有人说是以感受生命的多样性为目的……不同的人有不同的看法。然而，这些都是对人生太过深沉而严肃的看法，是将人生复杂化了。

在一堂哲学课上，老师正在给学生们讲《庄子》。突然，一位学生站起来提出了这样的问题：人生是以什么为目的而活着的？

老师笑了笑，说道："我今天活着就是为了给大家讲《庄子》。中午饿了吃饭，是为了吃饭而活着，晚上困了睡觉，也只是为了睡觉而活着。人生的目的是什么？每个人从出生在世界上的第一天起，没有人会问：我为什么要来到这个世界上？我来到这个世界的目的是什么？没有一个人是为了问明白这个问题而来到这个世上的。所以，我们活着仅仅是为了活着，没有其他的答案！"

"天下熙熙皆为利来，天下攘攘皆为利往"，人生充满了各种各样的"目的"，这是将人生太过复杂化了。然而，这位哲学老师则抛开了一切的繁杂的意念，简简单单地用一句"活着仅仅是为了活着，没有其他的答案"，十分精练地概括了人生的真实意义。他的看法可谓道出了生命的真谛，这种大彻大悟的人生观，其实也告诉我们：在任何时候，都要以一颗平常心来对待生命，不悲不喜，活在当下，努力做好当下的事情，不将人生复杂化，不将生活复杂活，单纯而积极地活着，才能真实地抓住生命的意义。

《士兵突击》中的许三多说了这样一句话："有意义就是好好活

着，好好活着就是做有意义的事。"人活着的意义就是单纯为活着，不为任何目的。正是因为拥有了这样的人生态度，许三多才活出了人生的真正意义。

我们每个人都无法选择自己生命的开始，也不能左右自己生命的结束，所谓生无选择，死不由人，我们唯一能够拥有的，仅仅是经历生命的过程。在这个历程中，每个人的命运也是全然不同的，或高贵、或卑微；或富有、或贫穷；或一帆风顺事事顺利、或举步维艰遍布荆棘。但是，无论有怎样的经历，我们都要全力以赴，活在当下，用我们所有的勇气和激情，去认真过好生命的每一秒，每一个瞬间。因为每一天的生活，都是一个新的开始，都会有它不同的意义。过去的就让它随风而去，好好把握现在的生活，不去计较过去失去了什么，未来会得到什么。

一位年轻人向一位智者求教："人生的意义是什么呢？"

智者说："困来睡觉，饿来吃饭。"年轻人十分奇怪地说道："如此简单的事情，每个人都在做，但为何还活得那么累，那么疲惫不堪呢？"

智者说："每个人都会吃饭，但是不会好好地吃饭——千方百计地去计较；每个人都会睡觉，但是不懂得如何去好好睡觉，心中充满了对过往失去的悲伤，对未来的思虑；人过于计较，过于思虑，也就被内心这些虚妄的杂念所困扰，就失去了自我，生命也就失去了其原有的意义，人也沦为杂念之奴了，当然会活得疲惫、活得辛苦了。"

这时候，年轻人明白了：最好的生活状态就是用心做好和应对生活中的每一件事，无论其是悲伤还是高兴，不去过于计较。

人生只以活着为目的，所以，我们只需要好好地接纳眼前的事实，时时与自我和解，并且做好眼前的每一件事情，不苛求，不计较，不思虑，便是人生的真正意义。这其实也是告诉我们，生活中要时刻以一颗平常心去面对万事万物，得意时不忘形，失意时不悲观，在任何生存状态下，都以一颗平常心去感受一份"看庭前花开花落，望天外云卷云舒"的惬意与自在！

纠结源于"两难选择"：化繁为简，停止内耗

很多人的纠结往往源于生活中过多的选择。比如，你获得两个实力相当的就业单位的青睐，要做出选择，就会纠结；你被两个人追求，要从中选择一个时，你就会纠结；早晨起床，你会对着满柜的衣服不知穿哪件……其实，当生活中有一种选择的时候，我们的内心往往是平静而快乐的，但是可供选择的事物一旦多了起来，生活中的烦恼也就来了，而这些烦恼主要源于我们在选择时患得患失的犹豫心理。这种心理其实是对自我的一种消耗，我们也正是在这种消耗中，疲惫不堪。

森林中生活着一群猴子，每天当太阳升起时，它们会从洞中爬起来外出觅食，当太阳落山时，它们又会自觉地回洞中休息，日子过得极为平静而快乐。

一名旅客在游玩的过程中，不小心将手表丢在了森林中。猴子卡卡在外出觅食的过程中捡到了。聪明的卡卡很快就搞清楚了手表的用途，于是，它就自然掌控着整个猴群的作息时间。不久后，它就凭借自己在猴群中的威信，成为猴王。

当聪明的卡卡意识到是这只手表给自己带来了机遇与好运后，

每天就利用大部分的时间在森林中寻找，希望自己可以得到更多的手表。功夫不负有心人，聪明的卡卡终于又找到了第二块手表，乃至第三块。

但出乎卡卡意料的是，它得到了三块手表后反而给自己带来了新的麻烦和痛苦，因为每块手表所显示的时间都不尽相同，卡卡无法确实哪块手表上显示的时间是正确的。猴子们也发现，每次来问及时间的时候，卡卡总是支支吾吾回答不上来。一段时间后，卡卡在猴群中的威望也大大下降，整个猴群的作息时间也变得一塌糊涂，大家就愤怒地将卡卡推下了猴王的位置……

这就是心理学上有名的"手表定律"，当猴子只有一块手表的时候，它们能确定时间，当出现了两块手表时，猴子卡卡的烦恼和痛苦也就来了，因为它不知道以哪一块为准。其实，这就如我们生活中所遇到的难题，大多都是因为选择太多而给人带来的烦恼。为此，要彻底摆脱烦恼，减少内耗，就要有敢于舍弃的勇气和魄力。如果你缺乏这种勇气或者魄力，那就试着过一种简单的生活吧。当多种选择变成唯一的选择时，人也就没有那么多混乱、纠结和烦恼了。

有一个诗人，为了追求心灵的满足，他不断地从一个地方到另一个地方。他的一生都是在路上、在各种交通工具和旅馆中度过的。当然这也并不是说他自己没有能力为自己买一座房子，这只是他选择的生存方式。

后来，由于他年老体衰，有关部门鉴于他为文化艺术所做的贡献，就给他免费提供一所住宅，但是他拒绝了。理由是他不愿意让自己的生活有太多的"选择"，他不愿意为外在的房子、物质等耗费精力。就这样，这位特立独行的诗人，在旅馆中和路途中度过了自己的一生。

诗人死后，朋友在为其整理遗物时发现，他一生的物质财富就是一个简单的行囊，行囊里是供写作用的纸笔和简单的衣物；而在精神方面，他给世人留下了十卷极为优美的诗歌与随笔作品。

这位诗人正是勇于舍弃了外在的物质享受，选择了一种简约的生活，最终丰富了精神生活，为人类做出了巨大的贡献。他的人生是一种去繁就简的人生，没有太多不必要的干扰，没有太多欲望的压力，是一种快乐而又纯粹的人生。

正如尼采所说："如果你是幸运的，你必须只选择一个目标，或者选择一种道德而不要贪多，这样你会活得快乐些。"正如电脑一样，在其系统中安装的应用软件越多，电脑运行的速度就越慢，并且在电脑运行的过程中，还会有大量的垃圾文件、错误信息不断产生，若不及时清理掉，不仅会影响电脑的运行速度，还会造成死机甚至整个系统的瘫痪。所以，必须要定期地删除多余的软件，及时清理掉那些无用的垃圾文件，这样才能保证电脑的正常工作运行。我们要想过一种幸福而快乐的生活，就不能让自己背负太多的选择，学会去繁就简，过一种简单的生活，这样才能不至于使自己在众多的选择面前无所适从。

第七章

直面内心，你便不会被恐惧侵扰

　　很多时候，我们活得不够淡然，是因为总会被内心的恐惧所侵扰。正如一位哲学家所说，每个人的人生都是由一个个"渡口"连成的，那个"渡口"可能站着一个黑暗中恐惧的人，可能站着一个被困难折磨得遍体鳞伤的你、被挫折击倒的你、被挑战吓得战战兢兢的你……每个人只能做自己的"摆渡人"，才能顺利地通过人生的一道道"渡口"。这也告诉我们，恐惧是人类心灵滋生的产物，与外界的一切境遇毫无干系，我们只有战胜了自我，直面内心，恐惧不会无处可遁。

你所真正恐惧的，只是恐惧本身

一个教授做心理学试验，他挑选了 10 个心理素质特别强的学生，让学生跟他走过一个充满危险的黑屋子。他要求学生一定要小心翼翼地跟紧他。10 个学生跟着他，虽然伸手不见五指，但脚底下挺平坦的没什么，都很顺利地走到了头。

这时候教授打开了墙上的一盏灯，大家回头一看，吓得面无血色，原来他们刚刚走过的，是一条窄窄的独木桥，独木桥下是一个巨大的鳄鱼池，十几个大张着嘴的鳄鱼游来游去。

教授又说，灯已经开了，你们再回去吧？谁有这个胆？没有学生愿意回去，最后经过劝说，好歹有 3 个哆嗦着过去了，剩下那 7 个不肯过去。

教授接着又开了几个灯，灯火通明之下，大家一看，在独木桥和鳄鱼之间还有一层密密的浅颜色的防护网，这样又有 5 个人过去了，最后 2 个学生说，打死也不过去。

在上述试验中，独木桥下面的设置一直没变，而学生在不知道真相的情况下，却能坦然过桥。但在知道真相后，却吓得面无血色，再也不敢从桥上走。这告诉我们，你内心所真正恐惧的只是恐惧本身，而与外在的境遇毫不相干。

在很多时候，我们所遇到的生活"灾难"，最为可怕的并不在于"灾难"本身，而在于你将它的严重性做了过分的扩大，并且最终被其所吓倒，从而一败涂地，甚至还会断送性命。

有一只小猴子，肚皮被树枝划伤了，流了许多血。它很害怕，于是就见到一个猴子朋友便扒开伤口说，你看看我的伤口，可痛了。每个看见它伤口的猴子都会安慰它，同情它，告诉它不同的治疗方法。于是，它就继续给朋友们看伤口，继续听取他人的意见，后来它因伤口感染死掉了。一只老猴子很是遗憾地说，它不是因为伤而死掉的，而是因为内心的恐惧而死掉的。

生活中，很多事情都是我们赋予了它传奇色彩。就比如磨难、创伤、困难和挫折，也许根本就没有我们想象的那么可怕，只是我们自己首先就否定了自己，被自己的恐惧心理吓倒了，不是因为我们没有办法解决问题，没有能力避免事情的发生，而是我们经常没有胆量，没有足够的勇气和信心，没有大无畏的精神。

由于未知，所以恐惧；因为恐惧，而愈加相信。于是恐惧在心中滋生、蔓延，进而占据你的心房，让你害怕。记得罗斯福曾说过："真正让我们恐惧的只是恐惧本身。"其实，恐惧只是我们对未知事物的不确定。倘若我们能深入地了解该事物，也就无所谓恐惧了。

我们总在缩小自己的幸运，扩大自己的不幸

我们对很多事情感到害怕，很大程度上源于我们总是主观地缩小自己的幸运，而扩大自己的不幸。比如，梦想受阻了，会立即感到自己的前途一片渺茫，随后便丧失了坚持的勇气；生活中遇到一点小挫折，便觉得天都要塌下来了，接下来便开始处处小心，再也不敢去冒险；受到一点批评，便觉得自己是全世界最委屈的人，随后只是墨守成规，再也不敢提建议……我们总是悲观地看待自己所遭遇的不幸，最终只会招致更大的不幸。

　　一场海难的幸存者被冲到一个荒无人烟的孤岛。他不停地祈祷，希望有船只来救他，可是一个星期过去了，连船的影子都没看见。

　　面对巨大的生存压力，苦苦求救未果，不得已，他只好在岛上建了一个简易的小木屋栖身，早晨到岛上的树林里找食物充饥。一天中午，正当他拿着找来的野果准备回到小屋时，却发现他的小木屋起火了，浓烟滚滚，多次辛劳化为乌有。可怜的他感叹上帝不公，不禁仰天长啸："老天啊，你为什么要这样对我？"

　　他沮丧地坐在沙滩上，一直到黄昏。在夕阳的余晖下，一艘轮船的轮廓越来越清晰了。这个人获救了，他好奇地问道："为什么他们会来救他？"他们回答说："因为那艘船上的人看到了孤岛上的浓烟，知道这个岛上有人，并把它当成了求救的信号。"

　　遭遇坎坷的时候，我们容易感叹命运，容易怨天尤人，容易夸大不幸。烦躁，焦急，忧伤，绝望，窒息，甚至难以自拔，仿佛周围的一切都变了，美妙的音乐刺耳起来，七彩的颜色暗淡起来，快乐的日子痛苦起来。其实天空依然蔚蓝，河水依然清澈，树林依然碧绿，只因心态一时难以适应，情绪糟了，感觉变了，观念扭曲了。

　　每个人都很擅长缩小自己的幸运，而扩大自己的不幸。当一点点不幸来临时，我们都会忘了存在就是我们的幸运。

　　葡萄牙著名的航海家麦哲伦在发现新大陆前曾在海上经历过一次大风暴雨。一名士兵因为第一次乘船出海，所以吓得不停地狂呼乱喊，大哭不止，让船上的人几乎都受不了了，因为这让本不担心的人们开始感到了恐惧。将军气恼地想下令把他关起来。

　　这时，麦哲伦身边的一位校官说："不要关他，让我来处理。我想我可以使他马上安静下来。"校官随即命令水手将那位士兵绑起来，丢入海中。那个可怜的家伙一被丢下海，手脚乱舞，狂呼救命。

过了一会儿，校官才叫人把他拉上船来。回到船上后，倒也奇怪，刚才歇斯底里大叫不停的士兵，静静地待在船舱一角，半点声响也没有。

麦哲伦好奇地问这位校官何以会如此？

校官回答说："在情况转变得更加恶劣之前，人们很难体会自身是那么地幸运。"

生活如同天气，有阳光灿烂之日，也有阴雨密布之时。心愿与现实常常会发生冲突，期望的未必能够获得，能获得的却未必是所期望的，然而这就是生活。热爱生活的人，是不会抱怨不幸的；只会感谢不幸的发生和存在，因为经历过这样那样的不幸之后，人生才更能经得起大风大浪。

别给自己贴上"懦弱"的标签

别怕失败后的耻辱，因为失败并不丢人。就像我们每个人不用去因为别人的死而幸灾乐祸一样，因为每个人都会最终走向死亡，而失败也是不可避免的。的确，失败和挫折是每个人一生必经的过程。生活中，若别人笑话我们失败，那是无知的表现，若自己对自己的失败感到耻辱，那就是懦弱的表现。

杰瑞毕业于美国加州一所普通的学校，在一次工作面试中，对着满满一屋子的来自名牌大学且有着硕士博士头衔的竞争者，他有些担忧。

在面试官面前，尽管杰瑞尽量表现得很自信，可睿智的面试官还是很快掂出了他的分量：你在专业能力方面并不能胜任这个职位，你被淘汰了。这时的他脸上露出了一点失望和尴尬的神情。可是他并没有马上离开，而是起身对面试官说："请问你是否能给我一张你的名片？"

面试官漠然地看着他，心底对这位死缠烂打的求职者没有一丝好感。

"虽然我无法成为贵公司的员工，但我们可以在私底下成为朋友。"他说。

"哦？原来是这样！"

"任何朋友都是从陌生人开始的，如果有一天你找不到打网球的搭档，可以直接约我。"

面试官看了他一眼，无奈且极不情愿地把名片递给了他。

其实，那位面试官确实经常为找不到伴儿打网球而烦恼。后来他俩因为网球而结缘成了朋友，他也被录用了。

一天，那位面试官问他："你不觉得你当时所提出的要求有点过分吗？要知道，你只是来找工作的人，你真有胆量敢那么说？如果当时我根本不搭理你，你该如何？"

杰瑞这样回答道："其实人最怕的不是失败本身，而是失败以后的尴尬。很多人不敢去做一些本来也许可以做成的事，就是害怕丢脸。可是真正丢脸的不是失败，而是不敢想象失败，其实很多事情都是从尴尬开始的，包括交朋友。"

杰瑞的行动和话都告诉我们，怯懦的心理总会使自己想做的事情因为主观原因而无法实现，从而使自己与成功擦肩而过。所以，在任何时候别轻易被尴尬和失败所吓倒。

生活中，没人能逃脱失败的经历，我们要做的就是在失败后，别轻易给自己贴上"弱者"的标签，而是该坚信自我，勇往直前。

瑞典电影大师英格玛·伯格曼是世界上公认的现代电影界最具影响力的导演之一，他同样也有过失败的经历。

在1947年，电影《开往印度之船》杀青后，出道不久的伯格曼妄自尊大，自我感觉棒极了，认定这是一部杰作，对剪辑者要求说："不准剪掉其中任何一尺。"甚至连试映都没有就匆忙首映。其结果真是糟糕透了！

为此，伯格曼在酒会上喝得不省人事，次日在一幢公寓的台阶上醒来，看着报纸上的影响，惨不堪言。也就在此时，他的朋友笑容可掬对他说："明天照样还会有报纸。"

此话给伯格曼带来莫大的安慰。明天照样会有报纸，是说所有的冷言讥语都会过去的，你应该争取在明天的报纸上写下最新最美的内容。伯格曼是幸运的，他在失败的关口，没有遭到他人的嘲笑或否定，朋友用富有幽默风趣的话给了他独到的慰藉。

伯格曼从失败中爬了起来，并汲取了教训，在下一部电影的制作中，只要有空他就去录音部门和冲印厂，他学会了与录音、冲片、印片有关的一切，还学会了关于摄影机与镜头的知识，他可以随心所欲地达到自己想要的效果，就这样，一代大师便真正成长起来了。

对失败不同的态度，可以造就不同的人生。内心强大者会将暂时的困境作为最好的老师，让自己的心灵得到净化，让头脑更为成熟。年轻的我们，有着如火的热情。而"热情如火"还需要加上"坚信自我之柴"才能越烧越旺。

摆脱"怕什么来什么"的生活魔咒

最近，内心恐慌的苏珊，时时感到自己在走霉运：她担心家里新换的地毯会被弄脏，不管自己多么小心翼翼，还是在不经意间出了岔子，不是不慎打翻了果汁就是把面包的碎屑撒在了地毯上。上周，她急迫地想赶赴一次重要的约会，她觉得打车似乎会变成一项不可能完成的任务，于是她开始忐忑不安地茫然四顾，结果几乎所有从眼前经过的出租车都载着客人绝尘而去；她总在为孩子的考试成绩而担忧不已，结果等她收到成绩单的那一刻，她真的傻眼了，孩子有几门功课都不及格……她感到焦虑极了，觉得自己的人生似乎被人下了一种魔咒：怕什么就来什么……于是，她开始变得心神不宁，不知如何才好！

其实，我们生活中或多或少有过类似于苏珊的经历：怕什么就来什么。难道我们的人生真的是被下了某种神秘的"魔咒"吗？

对此，哈佛大学教授戴维·麦克莱兰曾这样解释道："人们总是爱将恐惧的事情惦记于心，这会促使恐惧的事变成现实。"就是说，人们内心越是害怕的事情，越容易变成现实。比如你的口袋里装着刚刚买来的手机，在公共场所生怕被盗走，于是，每隔一段时间去查看手机是否还在。这一举动引起了小偷的注意，最终手机被偷走。就是因为内心越是害怕发生的事情，所以会非常在意，注意力也就越是集中，内心的担忧促使你越容易犯错误。这便是心理学上著名的"墨菲定理"。

在古希腊流传着这样一个故事：一位掌管天地人间的神来到一

个村庄，向那里的人宣布："明天这个村里将有100个人死去，至于是哪100个人，你们明天就知道答案了。"次日，当神再次来到村落准备带人的时候，却意外地发现这个村落一夜之间竟然死了1000个人。

心理学家指出，人永远也不可能成为上帝，当你内心充满恐惧的负能量时，"墨菲定律"就会叫你知道"消极心态"的厉害。

其实，生活中的事情总是很奇妙，你只要往好处想，总会有意想不到的结果。也就是说，要打破"人生怕什么来什么"的神秘魔咒，就要凡事尽量往好处想，当你打败了内心的"恐惧"，所有现实中的困境便会迎刃而解。

从前，一个村庄有两个秀才，一个姓王，一个姓李。他们一同进京赶考，路上他们遇到了一支出殡的队伍。看到那口黑乎乎的棺材，王秀才心里立即"咯噔"一下，凉了半截，心想："完了！赶考的日子居然碰到这个倒霉的棺材。"于是，王秀才心情一落千丈，走进考场后，那个"黑乎乎的棺材"的影子还在他心里，挥之不去，致使他心不在焉，文思枯竭，结果名落孙山。

李秀才自然同时也看到那口"黑乎乎的棺材"，开始心里也"咯噔"了一下，但是他转念一想："棺材，棺材，那不就是有'官'又有'财'吗？好兆头！看来这回我要红运当头了，一定高中。"于是，李秀才心里十分兴奋，情绪高涨，走进考场，文思泉涌，果然一举高中。

考完回到家后，两个秀才都无限感慨，各自对家人说："那'棺材'真的好灵啊！"

任何事情都有两面，对一件事情的认识也无所谓对与错，只有积极和消极之分，你认为事物是积极的，你就信心满怀，处事就积极，充满干劲；你认为是消极的，你就丧失信心，一败涂地。正如叔本华所言，"事物的本身并不影响人，人们只受对事物看法的影响"。

你之所以不够勇敢，是因为太在乎结果

很多人之所以在梦想或挑战面前表现得怯懦、软弱，很多时候是因为太在乎结果。比如，你不敢挑战工作的难题是因为你害怕搞砸后受到领导的批评或同事的嘲讽；你不敢向爱人表白，是因为你害怕被拒绝；你不敢辞职去追求梦想，是因为你害怕失败后生计无保障……还未开始行动，就先去悲观地设想结果，这样只能让人生在患得患失的节奏中蹉跎。

电影《阿甘正传》讲述了一个名叫阿甘的美国青年奋斗的故事。据测试，阿甘的智商仅有75，进小学都是困难的事，但是他几乎做什么都能成功：长跑、打乒乓球、捕虾，甚至爱情，最后，他成为一名成功的企业家，而比他聪明的同学、战友却活得并不成功。

阿甘的成功，从某种意义上讲也拜赐于他的轻度弱智，这让他不懂得计算最终的输赢得失。他唯一做到的就是简单地坚持，认真地做、傻傻地执行，从不计较结果会是什么样。珍妮让他"跑"，他就傻傻地不停地跑，最终最大限度地挖掘了他的长跑潜能；看到别人打乒乓球，他也是只管打，不计结果的输与赢……

阿甘并不是真的愚者，真正的愚者是那些看起来很聪明但却自以为是的人。阿甘成功的方法只有一个——那就是不计成本、不考虑结果的努力。生活中，多数人的失败就是因为太在乎结果，让

"思维"锁住了自己的手脚。

企业家史玉柱说过这样一句话："很多时候企业里缺的不是考虑太周全的'聪明人'，而是行动力强的'傻子'。聪明人遇到问题总是怨公司、骂上司，算计着要有一分收获才肯一分耕耘，没多少收获便不肯耕耘了。每个决策，每个命令，都要看自己有多少得益，有多少损失，如果不划算，便'上有政策，下有对策'。殊不知，很多事情前期是十分耕耘，三分收获，后期才是三分耕耘，十分收获。"这句话道出了失败人生的真相。

的确，人若太在乎结果，只会患得患失，阻碍你前进的步伐。其实，个人奋斗的意义并不在于结果，而在于其过程。如果我们能看淡结果，看中生命在奋斗过程中的愉悦感，那你的人生就不会总在计较得失的过程中白白浪费掉了。

杂交水稻之父袁隆平说："要看淡结果和名利，踏实做人，才能取得一定的成就。现在少数人功利心和享乐心太重，总是太过在意结果，急功近利，到头来只是害人害己，只有踏实努力，才能体味前进过程中的心灵的满足感。"

的确，一个人努力奋斗的意义在于过程，在于在其中体味追梦的激情，精神上的满足感和充实感。也正如稻盛和夫所说，人生在世，直到终要咽气的那一刻，都是在体验各种各样的苦与乐，在被幸与不幸的浪潮冲刷中，不屈不挠地努力地活着，把这个过程本身当作"去污粉"，不断提高自己的人性，修炼灵魂，带着比初到人世时有更高层次的灵魂离开这个世界。我认为人生的目的除此之外别无他求。今天比昨天更好，明天比今天更好，从人生不断前进的过程中体味生命的富足。为此，我们不屈不挠地奋斗，勤勤恳恳地经营，孜孜不倦地修炼，我们人生的目的和价值就是这样确确实实地存在着。

奋斗是一种人生信念，是人生中最具吸引力的一种力量，最能激发人经久不衰的热情，它就像栏杆一般，让你扶着它走向人生的顶峰，让你在满足感和成就感中获得一种精神的愉悦。所以，我们切勿再去看中努力后的结果了，如果有梦，想挑战，就抓紧去付诸行动吧，如果你能做到这一点，你将无所不能。

关闭自我怀疑的声音，选择相信自己

很多时候，我们对现实的恐惧都来自内心的"自我怀疑"。当一个人的内心被恐惧所占据的时候，其脑海中总会有一个怀疑的声音在回荡，它时刻提醒你是多么的差劲，你不该相信自己，别人也不该信赖你。这便是自我怀疑的声音。

你内心的声音暴露的是你最真实的想法，即使你每天对自己说一万次"我很自信"，你头脑中自我怀疑的声音也会彻底出卖你。你必须设法摆脱这些自我怀疑的声音，否则你永远无法获得自信。一个真正自信的人，在没有外界压力的情况下能够充分相信自己，即使面临着外界的强烈质疑，仍能对自己深信不疑，这种"任尔东西南北风"，我自岿然不动的泰然便是自信的最高境界。

世界著名交响乐指挥家小泽征尔曾参加过一次特别的世界优秀指挥家大赛，在高手巅峰对决的决赛当中，他依照评委交给自己的乐谱指挥乐队演奏，刚刚演奏不久，他就发现了异样，开始时他以为是乐队演奏有误，于是停下来重新指挥他们演奏，但是乐队的声音还是很不和谐，他认为问题出在乐谱上，但是现场的知名作曲家和评委会的权威人士都一致说乐谱百分百是正确的，是他指挥失误。小泽征尔坚信自己的指挥无可指摘，于是就非常肯定地对在场的音乐大师和权威人士说："一定是乐谱错了！"话音刚落，所有的评委纷纷从席位上站了起来，对他报以雷鸣般的掌声，祝贺他成为本届大赛的冠军。

原来，这是大赛评委巧妙布置的一个"圈套"，当然也可以说这是一次对参赛者信心的考验，他们想知道优秀的指挥家在怀疑乐谱有误但遭到权威人士的否定时，能否继续坚信自己的正确判断。前两位指挥家也发现了乐谱的错误，但是当权威人士坚持说乐谱绝对没问题，问题出在他们自己身上时，他们立刻改变了原来的主张，结果被淘汰出局了。小泽征尔因为对自己充满信心而在高手如云的世界指挥家大赛中一举夺魁。

要关闭脑海里自我怀疑的声音，就必须有自己的主见，要坚信自己有能力做好和完成某件事情或者工作，不要一听到反对的声音或是遇到了一点困难，就马上否定自己的能力。小泽征尔相信自己的指挥水平，所以即使座席上所有的权威人士都对他提出质疑，他仍坚信自己的指挥没有错误，真正的问题出在那份乐谱上，而前两位参赛者却在评委的反对声中失去了最基本的判断力。

当你无法克制对自己的怀疑情绪时，不要让这种消极的声音一直占据自己的大脑，克服自我怀疑的首要步骤是彻底弄清楚究竟是什么让你感到不自信和不安，你是怀疑自己的办事能力、工作水平还是没有信心承担更高级的职务，抑或是不相信自己有开创未来的本领。厘清自己的思绪，检验一下它们的真实度。

在你尚未开展工作时，可以通过以往的经历作为参考，以前成功的经历无疑可以增强你的信心。如果之前你接连受到失败的打击，便有可能陷入习得性无助的痛苦状态之中，学会用正面的解读方式归因失败，把失败归因于可控的可改变的因素，而非恒定的不可控的因素，重新树立起对自己的信心。写下你认为自己可能做不好的事情，再列出你认为自己完全可以胜任的事情，如果你能胜任的事情所占比例更大，也可以使你从另一个角度看待对自己的怀疑。

拥有不可摧毁的心理优势

股神巴菲特说，出问题的往往不是一个人的能力，而是他的心理。的确，生活中很多人劣势命运的造就，往往不是其能力不够强，而在于他的心理太过懦弱。他们总是害怕失败，在挑战或机会面前会表现得战战兢兢，不敢轻易去尝试。同时，他们也总会因为一时的挫败而萎靡不振。要彻底地摆脱懦弱心理的束缚，就要修炼一颗强大的内心。

卡耐基曾到一所大学去做励志演讲，刚上台，他就给学生们提出了这样一个问题："大家觉得一个人最害怕的是什么呢？"

"应该是孤独吧！"一位学生站起来说。

卡耐基随即摇头道："不对。"

"那该是误解吧！"另一位学生胸有成竹地讲。

"也不对。"

接下来，很多学生都发言了，但卡耐基却一直在摇头。

一位学生终于忍不住了，便问道："卡耐基先生，您还是说出您的答案吧！"

"那是你们自己啊！"卡耐基笑着说道。

"我们自己？"听到这个答案，许多学生都惊讶了。

卡耐基接着说："其实你们刚才所说的孤独、误解、绝望等，都是你们自己内心的影子，都是你们自己给自己的感觉罢了。若对自己说：'这些真可怕，我承受不住了。'那你真的会害怕。同样，假如你告诉你自己：'没什么好怕的，只要我积极面对，就能够战胜一切。'那么就没什么能够难得倒你的。何必苦苦执着于那些虚幻？一个人若连自己都不怕，他还会怕什么呢？所以，最使你害怕的其实并不是那些想法，还是你自己呀！"

其实，这个世界上真的没有令人真正害怕的东西，你所害怕的只是你内心的一种弱势反应罢了。很多时候，当困难没有真正来临，我们就事先在内心向自己"投降"，甘受命运的摆布。

卡耐基说："但凡成就非凡之人，都有勇往直前、藐视困难的气概，他们都是大胆的、果断的，他们的字典上，是没有'惧怕'两个字的。"卡耐基所描述的这种勇气就是强大的内心所拥有的力量。内心强大的人在人群中卓越显著，这点十分令人惊叹。当别人看到的是无法逾越的障碍时，对他们来说却是需要克服的挑战。

1914年，托马斯·爱迪生的工厂烧成灰烬，独一无二的模型被毁，并造成2300万美元的损失，爱迪生的反应很简单："谢天谢地我们的错误都被烧毁了，现在我们可以重新开始了。"

一个6岁的黑人孩子叫杰克逊，他每天都要练习唱歌，为此邻居嘲讽他说他唱得太难听了，即便吼破嗓子也不会有人称赞。孩子不以为然，笑着说像你这样的话我经常听到，但是这些话一点也不能阻挠我继续唱歌，因为我从唱歌中得到了快乐，所以我永远也不会放弃唱歌。就是在这样的坚持中，杰克逊成就了其非凡的音乐才能。

这就是内心强大的力量，这样的人才是无坚无摧的，他们拥有强大的心理优势，在人生的任何时候都不怕从头再来，在每一个看似极低的起点中，他们都能创造出惊人的奇迹。

内心强大者都有一种极为开放的意识与心态，对于任何不同的声音，他都能够认真地听进去，能够用自己的头脑再想一想，对自己自信的东西仍旧能保持一份警惕。因此，他不会拒绝去听一听、想一想不同的声音。但是，由于他的内心强大，他也不会一听到不同的声音就焦虑不安，就立即改变自己的想法，而是在不同的声音中，学会用逻辑、常识、常理、直觉、经验及科学的方法再重新检验一次。为此，内心强大者从来不会随意质疑自己，更不会因为害怕而不敢挑战，他们拥有强大的不可摧毁的心理优势，促使他们无往而不胜。

直面困境：恐惧只与弱者为友

哈佛大学曾经有这样一句名言："不要因为恐惧而犹豫，前进有时候是消除恐惧的最好方法。"恐惧征服的是弱者，我们唯有直面困境，勇于前行，才是征服恐惧的最好方法。

被誉为"经营之神"的松下幸之助并不是一个幸运儿，不幸的生活促使他成为一个永远的抗争者。家道中落的松下幸之助自9岁起就去大阪做一个小伙计，父亲的过早去世使得15岁的他不得不担起生活的重担，寄人篱下的生活使他过早地体验了生活的艰辛。

在18岁的时候，松下幸之助到大阪一家电灯公司做一名室内安装电线的练习工，一切从头学起。不久，他诚实的品格与上乘的服务赢得了公司领导的信任。在 20 岁那年，他幸运地晋升为公司最年轻的检察员。然而，也就在此时，他遇到了人生最大的挑战。

松下幸之助发现自己得了家族病，而且他的家族中已经有 9 位因此病而英年早逝，这其中有他的父亲和哥哥。当时的境况使他不可能依照医生的叮嘱去休养，只能边工作边治疗。他的人生完全没有了退路，反而使他对可能发生的事情有了充分的心理准备，这也使他形成了一套与疾病做斗争的办法：直面恐惧，不断调整自己的心态，以平常心对待疾病。并努力健身与病魔做斗争。坚信这样的生活理念，一年过去了，他的身体开始变得结实起来，内心也越来越强大，这种心态也影响了他的一生。他在 94 岁时，向人们表明了他战胜疾病的秘诀：一个人只有从心理上真正强大起来，他才能无所畏惧，才能走出疾病的阴影获得长寿。

恐惧只与弱者为友。面对恐惧固然可怕，而当你真正去直面它时，你就会发现其实没有什么好怕的。所以，当你被人生的某个困境"卡"住时，与其消极悲观地抱怨，不如以积极的态度直面它。当你将害怕视为一种力量时，它也就烟消云散了。

盛田昭夫是日本又一位著名企业家，他的成功是从经营插座生意开始的。盛田昭夫创立的索尼公司并不是一个一夜之间成功起来的公司，创业之初，正逢世界经济危机，物价飞涨，而盛田昭夫手中的资金还不到 100 元，困难可想而知。公司成立后，最初的产品是插座和灯头，然而千辛万苦才生产出来的产品遇到棘手的销售问题时，工厂到了难以为继的地步，员工相继离去，盛田昭夫的境况变得很糟糕。

但他把这一切都看成创业的必然经历，他对自己说："再下点功夫，总会成功的！已有更接近成功的把握了。"他相信坚持下去取得成功，就是对自己最好的报答。功夫不负有心人，生意逐渐有了转机，直到6年后拿出第一个像样的产品，也就是自行车前灯时，公司才慢慢走出了困境。

走出困境的索尼公司所面对的并不是一帆风顺的坦途，而是一系列波涛汹涌的开始。1929年经济危机席卷全球，日本也未能幸免，销量锐减，库存激增。而让索尼安然渡过企业经营中的一个个惊涛骇浪，得益于盛田昭夫一颗强大的内心——在任何情况下他能坦然地应对各种挫折的折磨。对此，盛田昭夫说："你只要拥有一种谦虚和开放的心态，就可以在任何时候从任何人身上学到很多东西。无论是逆境还是顺境，坦然的处世态度和一颗强大的内心，能让人安然地渡过人生的一次次危机。"

内心真正强大者，能在任何时候平复自我的情绪，能自信地操控棘手的问题，因为他们的自信能感染他人，以帮助他们获得成功。

没有经过风雨的禾苗永远不能结出饱满的果实，没有经过折磨的雄鹰永远不能高飞……这就是自然界告诉我们的一个很简单的道理，一切事物如果想要变得更强，必须经过困境的磨砺。人也如此，只有勇于直面困境，才能更快、更好地成长，内心才能变得更为强大。

要记住，在人生的道路上，每一次辉煌的背后肯定会有一个凤凰涅槃的故事，世上没有不转弯的路，人间没有不谢的花。困境原本就是生命旅途中不可或缺的一道风景。生命，也总是在各种各样的困境中茁壮成长。

你若已接受最坏的，就再也不会有什么损失

我们跃跃欲试但始终不敢行动，是因为害怕失败，我们承受不起失败的后果。对此，要通过心态去调整自我，就要如卡耐基所说的："你若已经接受最坏的，就再也不会有什么损失。"即指用最坏的打算去对待结果，结果只会比这个好，就不会再有什么令你害怕的事情了。而且如果做了最坏的打算，那么人就会克服内心的害怕，会大胆地放手一搏。

艾米尔是加州人，现在是一家电子商务公司的老板，大众眼里的"成功人士"。还不到50岁的他已经拥有了上百亿的资产，旗下经营着几十家连锁电器超市、数码店，还有一家国际电子商务网站。

有人曾向他探询成功秘诀，他便自嘲地说："我成功的最大秘诀就是每天早上出门前，都会告诉自己：你，今天可能失败，而且是非常惨重的失败，失去一切，你做好准备了吗？然后我会站在阳台上抽根烟，想象一下自己会怎么失败：破产，负债多少亿，还是为此家破人亡？这些情况万一发生了，我怎么办呢？我就设计各种拯救的办法，想想我有什么资源可以弥补损失，有什么方法可以东山再起。最后，我会带着满满的自信出门。"

由于艾米尔有充足的思想预案，因此在创业的过程中，无论遇到了多大的困境，他都能够爬起来，去解决各种问题。选择方向时，他充满自信，比别人多了几分淡定，也极少焦虑。

他曾笑着对朋友说："我14岁时卖鱼，高中还没毕业就开始做生意了，后来便跑到休斯敦做文化用品的销售，积累了第一桶金。

在我 24 岁时，我接了一个亿元的大单，结果失败了，生产无法继续，导致贷款危机。这是我挺过的第一道坎儿，因为我之前做好了预备，所以动用备用资金，把问题解决了。我还炒过楼花，炒过股票，都输得一塌糊涂，直到我进入了数码产品的市场，开始做电子商务，开电器超市，才找到了我这辈子的方向。但我仍然有这个准备：如果突然有一天，末日来了，我如何应对？"

怀着这种危机意识，时至今日，艾米尔的生意如火如荼。他从容淡定地面对未来，始终怀着一种平和的心态，无畏任何突如其来的危机。

有句话说，人最害怕的并不是要发生什么，而是不知道要发生什么。做最坏的打算就是对这种害怕做出的一种心理防守，也正如卡耐基所说："当你学会接受了最坏的结果，你才能把专注力放在当下不计结果地努力，这样得到的结果往往是最好的。"所以，当你因为害怕失败而迟迟不敢冒险前进时，那么先对你的行动作一次预测吧，做出最坏的打算，那么所有的心理障碍都能得以解开。

唤醒你的内在力量

很多人在沮丧、失落和绝望的时候，总是会渴望他人的鼓励或者渴望随便来个什么人来解救自己。甚至有时候还会对陌生人产生一种"为什么不帮我"的怨气。其实，只有经历过打击之后，我们才能明白，外部的呐喊、打气甚至帮助，很少能带来真正的救赎：遇到问题，我们还是会害怕。对此，卡耐基说，人真正的力量是从内部产生的，或者说，是需要自己从内心去唤醒的。

约翰·伍登是加州一所中学的篮球队教练，在他40年的教练生涯中，他所带领的高中和大学球队获胜的概率都在80％以上，在全美12年的篮球年赛当中，他所带领的球队曾替加州大学洛杉矶分校赢得10次全国总冠军。如此令人骄傲的成绩，使伍登成为大家公认的有史以来最称职的篮球教练之一。

曾经有记者问他："伍登教练，请问你如何保持这种积极的心态？"

伍登很愉快地回答："每天在睡觉以前，我都会提起精神告诉自己：我今天的表现非常好，而且明天的表现会更好。"

"就只有这么简短的一句话吗？"记者有些不敢相信。

伍登惊讶地问道："简短的一句话？这句话我可是坚持了20年！重点和简短与否没关系，关键是在于你有没有持续去做，如果无法持之以恒，就算是长篇大论也没有帮助。"

伍登教练不仅在工作中时刻保持积极的心态，在生活中他也是一个积极乐观的人。例如有一次他与朋友开车到市中心，面对拥挤的车潮，朋友感到不满，继而频频抱怨，伍登却欣喜地说："这里真是个热闹的城市。"

朋友好奇地问："为什么你的想法总是异于常人？"

伍登回答说："一点都不奇怪，我是用心里所想的事情来看待，不管是悲是喜，我的生活中永远都充满机会，这些机会的出现不会因为我的悲或喜而改变，只要不断地让自己保持积极的心态，我就可以把握机会，激发更多的潜在力量。"

思想家爱默生曾说："人类可以分为两种：一种是属于过去的人，一种是属于将来的人；一种是维持现状者，一种是改变现状者。"维持现状的人满足于现阶段的状态，而努力改变现状的人每分每秒都在为更好的未来做准备。有一句格言："只因准备不足才导致失败。"这句话可以写在无数可怜失败者的墓碑上。积极的心态能够催人上进，激发和唤醒其内在的力量。所以，生活中我们学会时刻鼓励自己，给自己积极的暗示，有助于我们走出困境，驱赶害怕，保持积极进取的精神。

葛尔曼在 20 岁的时候，就被医生确诊为残疾人，如今的他已在轮椅上生活了近 20 年。

葛尔曼原本有个健康的身体，但是在他 19 岁那年，因赴越南打仗，被流弹伤到了背部的下半截，被送回美国医治，经过治疗，他虽然逐渐地康复，却没办法行走。

他整天坐轮椅，觉得此生已经完结，有时就会借酒消愁。有一天，他从酒馆中出来，照常坐轮椅回家，却遇到了三个劫匪，动手抢他的钱包。他拼命呐喊、拼命抵抗，却触怒了劫匪，他们竟然放火烧他的轮椅。轮椅突然着火，葛尔曼忘记了自己的残疾，他拼命地跑，竟然一口气跑完了一条街。事后，葛尔曼说："如果当时我不逃走，就必然被烧伤，甚至被烧死。我忘记了一切，一跃而起，拼命地逃跑，及至停下脚步，才发现自己能够走动。"如今的葛尔曼已经在奥马哈城找到一份工作，他已身体健康，与常人一样能够走动。

卡耐基说，人有内在强大的生命力，外人给你的力量和帮助会慢慢地消失。但当你被逼到绝境，被时间施加重压之际，这些内在的力量、梦想、壮志、勇气，都会被唤醒、被激活。的确，人内在的生命力永远不会被重压所杀死，相反，它就像弹簧，越是重压到极限，越可能带来巨大的反弹，这是那种虽然无望但绝不放弃对抗的挣扎存在的原因。内心的力量被困住，使劲冲撞，如果你能信赖它，它就会迸发出来，那一刻，你就会唤醒属于自己的强大的内在力量。

告别拖延，用行动让恐惧烟消云散

强有力的行动是治愈恐惧的良方，而犹豫、拖延将不断地滋生恐惧。在《少有人走的路》中，派克说："人大部分的恐惧都与拖延有关，我们常常会害怕改变，其实都是因为自己太懒了，懒得去适应新的环境，懒得去学习新的知识，涉足新的领域，但如果总是这样的话如何能让自己成熟起来呢？"可见，拖延是恐惧产生的重要原因之一。

舒克是纽约市一家证券公司的市场部经理，他曾经生动地讲述了拖延的心态："这就像一个跳得很高的跳高运动员。你训练了几个月，在身体和精神上已经调整好了自己，一遍又一遍地尝试跳过横杆并打破纪录。然后，当你终于下决心开始跳了，新的担忧和恐惧马上袭来：如果我跳得比之前高了，别人会怎么做？他们会不会把横杆升高？……当诸如此类的担忧越来越多时，拖延自然成了必要的第一选择。从拖延到恐惧，再到痛苦，一直恶性循环。"

要克服这种恐惧、害怕和担忧，我们要做的就是在行动之前必须充分地酝酿，而一旦下定决心，就应该果断地行动，当你越是积极地行动，就越能够驱散内心的恐惧。

玛丽是一个家庭主妇，就在上个月她刚开了一家书店。作为一个拖家带口的人，在这个时候开一家书店，很多朋友都是不认同的。她的朋友们都认为这简直就是疯狂的行动。也有人十分羡慕地表示，这也是她们的理想，但是怕不赚钱怕做不好，就没有行动。

就在昨天，当她的丈夫威廉问她为什么这样做的时候，玛丽说："首先，我承认我开书店是带着情怀和理想的成分，但我并不只是觉得好玩，而是有十分详细的思考和运营策略的。并且，在这之前，我也给自己设置了最好的结果和最坏的结果的场景，最好的结果是让这家书店的生意火爆起来，我作为商业领袖被人采访，享受属于我的荣光。最坏的结果就是亏钱，亏多少我也是早有预算控制。所以，当我发现某个场地极好时，就在第一时间将书店开了起来。"

玛丽的行为才是不拖延的特征，也就是不害怕失败，也不恐惧成功。她能做到这一点很重要的原因就是，她不害怕改变，她能把控失败。其实，能够审视和接受其某些行为带来的改变，就是对付拖延的最好办法。

但凡在某个领域做出重大成就的人都是货真价实的行动派，他们从不屈从于惰性，无论做什么事情都雷厉风行。比如高产作家威尔斯成功的秘诀就是有了灵感立即记下来，绝不让自己思想的火花稍纵即逝，即便到了深夜，只要大脑在电光石火的一瞬涌现出了灵感，他也不会因为想要睡觉而将其诉诸笔端的工作拖到第二天，而是马上打开电灯，拿起放在床头的笔，马上记录灵感，然后才肯就寝。

伟大人物会因为及时行动而获益，普通人也会因为及时实践自己小小的想法而获得意想不到的收获。

保险业务员曼利·史威兹有两大爱好——钓鱼和打猎，他喜欢带着钓竿和猎枪走进森林深处，有时一连在森林里待上好几天，尽管又脏又累，可是回家后却感到无比快活。钓鱼和打猎占用了他很多时间，每次离开宿营的湖边，即将投身到保险业务工作时，他都感到无限眷恋，在大自然中自由畅游的感觉是多么美好啊，他真不愿意抽身出来。

突然他的脑海里闪现出一个想法，在荒野里宿营和打猎的人也需要买保险，他清楚有不少人喜欢在森林中探险，那是一个庞大的潜在市场，如果他能把握机会，完全可以边狩猎边工作。阿拉斯加公司的员工、居住在铁路沿线的猎人和矿工都能成为他未来的客户。

曼利·史威兹说做就做，制订好计划后，一点时间也不愿耽搁，立即启程前往阿拉斯加，还沿着铁路步行，广泛接触沿线居民，人们送给他"步行的曼利"的称号。曼利·史威兹深受那些潜在客户的欢迎，他经常到他们家里做客，与其建立起了友好的关系。一年以后，他签下了大量的保单，销售业绩一路猛涨，获得了不菲的收入，与此同时，他还能继续在森林里钓鱼和打猎，工作生活两不误，过上了人人羡慕的美好生活。

无论我们追求什么，总是要付出成本的，计划再完美，如果迟迟不去行动，只会颗粒无收。与其临渊羡鱼，不如退而结网，不要羡慕别人，也不要将希望寄托于虚无缥缈的明天，从今天起，从此刻起，只要下定了决心，就马上去行动吧，别让拖延成为滋生恐惧心理的温床。

永远不要低估自己改变未来的能力

很多人，尤其是年轻人总会对自己的未来充满恐惧，觉得自己的前途一片暗淡，自己无力改变命运。人们总是习惯用过去和现在来推演明天，仿佛一切都是预先安排好的一般。而事实上，你对未来感到恐惧是因为它是个未知数，充满了无限的可能性，你的推演和猜想都未必会变成事实。也许现在的你没有做出任何成绩，拿着微薄的薪水，扮演着小职员的角色，朝九晚五，默默无闻，想要安家只能望楼兴叹，想要大展身手，又觉得自己没机会，即便有了机会，又怀疑自己没有真本领，总之你不满现状，又不相信自己能改变现状，觉得眼前的一切将会定格成永远。

事实上，你在低估自己改变未来的能力，现在的你没有出头，不代表你将来也不能出头，更不意味着你一辈子都出不了头。世间万物都处在发展变化之中，你不应该用静止的眼光看待自己，也许你觉得今天的你和昨天的你并没有什么不同，可仔细想想你会发现现在的你已经和过去的你不一样了，同理，未来的你必然不同于现在的你，只要你不相信宿命，努力改变命运，你就能开启崭新的人生。

特莱艾出生在非洲大陆的一个贫穷的小村庄，因为当地重男轻女，她只读了一年小学就辍学了。父母只愿供哥哥上学，特莱艾小小年纪就成了家里的劳动力，负责各种家务活。她的人生很有可能像无数非洲女性那样，一生贫苦，毫无指望。可是特莱艾不甘心成为母亲那样的人，她希望用知识改变自己的命运。每天哥哥放学回家，她都偷偷地让哥哥把学校里的知识教给她，她还在平时做功课的石头上，用一张小纸写下了自己的四个梦想：出国留学、读学士、硕士和博士，她按照当地的传统把纸条装进了一个瓦罐里，并把它埋在石头旁边。

11 岁那年，父亲把特莱艾嫁给了一个有严重暴力倾向的男人，10 多年之后，特莱艾陆续有了 5 个孩子，她已经 30 多岁了，生活贫困，家庭不睦，过得和其他非洲妇女没什么两样。后来一个国际援助组织的志愿者来到了她生活的村庄，特莱艾向一位志愿者吐露了自己的四个梦想。

面对这个只有小学一年级文化的非洲妇女和她那近乎异想天开的宏大梦想，志愿者并没有嘲笑她，而是鼓励她实践自己的梦想，靠自己的努力改写人生命运。特莱艾抓住了改变一生的机会，她开始积极地参与国际援助组织的工作，用赚来的工资攻读函授课程，完成了从小学到高中文化课的学习。随后在国际援助组织的帮助下，她进入了美国俄克拉荷马州立大学学习攻读本科。

怀揣着求学梦，特莱艾带着女儿和丈夫来到了美国，他们变卖了家里的牲畜，带着换来的4000美元开始了新生活。为了省钱，一家人挤在冰冷破旧的车式房子里艰难度日，没钱买饭，就捡邻居丢弃在垃圾桶里的食物果腹，这样的生活简直就像一场噩梦，甚至比在非洲的生活还要糟糕。丈夫受到恶劣环境的刺激，脾气变得更加火暴，他经常对特莱艾拳打脚踢。特莱艾一边忍受着家庭暴力，一边还要打工和学习，她缺少睡眠，神经高度紧张，总是饥寒交迫，没有任何迹象表明她的日子会越过越好。

因为交不起学费，特莱艾差点被学校开除，好在她的坚强和执着打动了一位学校的官员，他发动广大师生施以援手，为她解决了学费问题，当地的慈善组织和好心的超市员工为她提供了食品，就这样，特莱艾在社会各界力量的帮助下，成功完成了学业，她不但获得了学士和硕士证书，还攻读了博士，实现了自己儿时写下的四个梦想。

特莱艾的人生是跌宕起伏的，作为一个出生在非洲贫瘠大陆的农家妇女，她的未来几乎一片黯淡，如果换作别人，恐怕会相信自己的人生在出世的那一刻已经被命运安排好了，于是放弃了一切改变命运的努力。特莱艾却从来都不肯屈从于命运，在失学的情况下，坚持顽强自修，在长期贫困的生活状态下，坚持刻苦学习，最终靠知识成功改变了自己的命运。未来未必会按照既定的轨道发展，如果你选择提前放弃，那么你的人生便是自己选择的结果。其实未来是可以改变的，不要低估自己改变未来的能力，未来就在你手中，把握好每一个今天，明天会更加美好。

在尝试中寻找信心，在冒险中寻找突破

自信并不是与生俱来的，而是在尝试和体验中获得的，因此具有一定的冒险精神就显得尤为重要。在成长的过程中，每个人都或多或少地有过一些冒险的体验，婴幼儿时期，我们敢于冒险站起来学习走路；年纪稍大时，我们冒险学骑自行车或者尝试其他运动；长大之后，我们冒险学习开汽车，甚至学跳伞……我们在一次次冒险尝试中奠定了对自己的信心，从这个角度来说，冒险有助于我们增长自信。然而有的人缺乏勇气和冒险精神，一生只做有把握的事，由于过度谨慎和保守，错失了很多大好机遇，这是非常遗憾的事。其实人生处处都有风险，成与败本是一线之隔，敢于冲出那条分割线，你就能找到人生的重大突破，反之，你的人生就有可能永远停滞不前。

比尔·盖茨一手打造了自己的微软帝国，在激烈的商业竞争中缔造了属于自己的传奇，在总结自己成功的秘诀时，他首推的是冒险精神。比尔·盖茨认为任何伟大的事业都离不开冒险精神，如果一个机会没有伴随任何风险，那么这样的机会通常不值得耗费心思去尝试和把握。他坚信有冒险的机会才能使事业更上一层楼，而挑

战风险也会使人生更加有趣味性。

比尔·盖茨天分极高，热爱冒险，自信心很强，正是基于这种人格特质，他在电脑技术领域取得了无可匹敌的地位。事实上，比尔·盖茨从学生时代开始就培养自己的冒险精神了。他在哈佛读大学的第一年制定了一个学习策略，多数课程都逃课，临近期末考试时再努力恶补知识，他想通过这种方式来测试如何花更少的学习时间拿到最高的分数。后来他把这套策略运用到商业运作上，发展成用最少的时间和成本获得最快最高的回报。

比尔·盖茨致力于培养自己自信好斗、敢于冒险的性格，长大以后，他成为令所有竞争对手都害怕的人物，因为他善于把握机遇，不惧风险，不服输、不退缩，不达目的不罢休，所以一个个对手都败给了他。比尔·盖茨从来都不安于现状，即使多次蝉联世界首富，他依然雄心勃勃地驱使自己继续冒险，在接受记者采访时他说："我最害怕的是满足，所以每一天我走进办公室时都自问，我们是否仍然在辛勤工作？有人将要超越我们吗？我们的产品真的是目前世界上最好的吗？我们能不能再加点油，让我们的产品变得更好呢？"

在生活中，比尔·盖茨同样是个爱冒险的人，他喜欢速度超快的游艇和汽车，通过这些刺激的运动，来锻炼自己冒险的性格，激发他的无限潜能，使其不断超越自我，完成一项项个人壮举。比尔·盖茨经常一个人驱车到荒凉的大漠旅行，一个人架着飞机飞越崇山峻岭，一个人驾驶游艇在茫茫大海上航行。他时时刻刻都在磨炼自己，所以他总能在新的冒险中实现自我突破，成为商场上不败的神话。

风险和收益在一定程度上是成正比的，只有敢于冒险才能获得机遇的垂青。敢想敢做的精神会赋予一个人热情、活力和信心，畏首畏尾什么都不敢做的人，永远都不可能树立自信心，事业也不可能有新的进展。我们生活在一个充满风险的环境里，想要百分之百地摆脱风险几乎是不可能的，有时候不去冒险反而会给自己带来更大的风险，在激烈的市场竞争中，狭路相逢永远都是勇者胜。作为年轻人，不能过于保守和怯懦，而应该该出手时就出手，果断地抓住机遇，在尝试中寻找信心，在冒险中寻找突破，迎难而上，砥砺风雨，铸就属于自己的辉煌。

勇敢地跳出属于你的"舒适区"

内心怯懦者因为对外界心存恐惧，总喜欢躲在没有压力的舒适区里生活，这种做法会让人丧失证明自己的机会，也不利于其摆脱怯懦的个性。对此，要想改变对自我的看法，就必须去尝试，勇敢地走出"舒适区"，在行动中渐渐地让自己变得强大起来。

今年24岁的爱莎本来一直觉得自己是个开朗大方的人，社交恐惧这辈子应该与她无关。可是没想到，加州大学硕士毕业参加工作后，她就不敢再说这样的"大话"了。

爱莎被一家法德合资企业的企划部录用，工作没几个月，就得知公司要开年终Party，而且德方大老板及七位董事都将飞来纽约参加Party。

爱莎心情异常激动，因为"接近总裁"的机会终于要来了！可是在兴奋过后，她又不免觉得越来越"心慌"，毕竟是自己第一次遇到这么大的场合，过去在学校的那些"演讲比赛""联欢会主持人"的经历，到现在，都没有什么参考价值了！

爱莎急忙请教资深同事，问她们在 Party 上该如何装扮？但不知怕"撞衫"还是别的什么原因，没有人肯透露自己准备在 Party 上穿什么衣服。

那天到了会场，爱莎一看，穿衣打扮最"老土"的就是她和另外三位新人。整个会场人人都很得体大方。这样的场面搅得爱莎她们四个人头昏脑涨。别说和德方董事打招呼了，就是待在大厅里都全身不自在。她们只有躲在角落里拼命灌饮料，不时去洗手间透透气，以此来逃避"无所不在"的压力。

突破心理舒适区，克服对冒险的恐惧感，是逐渐让我们强大和成熟起来的根本。其实对爱莎来说，只要事先将一无所用的"杂念"从头脑中祛除，然后再勇敢地站出来将自己最美好的一面呈现出来就可以了。

卡耐基说："在这个世界上没有什么比积极的行动都不敢尝试更糟糕的事了。"的确，没有变革，就没有进步，试着跳出舒适区，勇敢地做一次冒险家，也许一次小小的改变，就能像星星之火一样，很快发展成燎原之势，甚至彻底逆转你的整个人生。

法国著名作家大仲马年轻时穷困潦倒，他迫切需要一份工作。为了谋生，他浪迹巴黎，希望父亲的朋友能够帮自己谋一份差事。父亲的朋友想知道他都擅长些什么，便问他："你精通数学吗？"大仲马立即摇了摇头。父亲的朋友知道理科非他的强项，又换了个问题："那么你通晓历史和地理吗？"大仲马又摇了摇头。"那么法律知识你总该懂些吧？"父亲的朋友又问。大仲马还是摇头。父亲的朋友不死心，又接连发问，大仲马羞愧地说自己什么都不会，简直一无所长，说完就窘迫地低下了头。

父亲的朋友见这位青年对自己的评价竟是毫无优点，也实在想不出什么能帮助他的办法，于是就让他把住址写下来，以便日后联系。大仲马写完住址后转身欲走，父亲的朋友却像发现新大陆一样惊叫起来："你的字写得很漂亮啊，这就是你最大的优点啊，你不该随便找一份糊口的工作，年轻人，你将来一定会有一番作为的。"

大仲马由此大受鼓舞，开始尝试写小说，数年后终于写出了多部享誉全球的优秀作品，成为法国家喻户晓的作家。

自卑的大仲马认为自己没有一点长处，因此最初的目标仅仅是找一份能够糊口的工作，因为这样他就能躲在心理舒适区里安静地生活，这种心理状态和众多的自卑者是完全一致的，胸无大志、小富即安，找一份难度不大的工作，勉强维持生活就完全满足了。假如大仲马当初没有在父亲朋友的鼓励下突破心理舒适区，那么世上就少了一位才华横溢的作家，多了一位被自卑折磨了一生的失败者。大仲马最初尝试写作时，也必然承受过巨大的压力，但是他在跌跌撞撞中走出来了，闯开了一条全新的道路，所以他成功了。

《阿甘正传》里有这样一句经典台词："人生就像一盒巧克力，你永远也不知道下一颗是什么味道。"人生确实充满了不确定性，只有勇敢地跳出自己的舒适区，勇于体验，方能知其中味，也方能战胜自卑带来的恐惧感，成为真正的强者。

第八章

幸运一直都在：将"伤痛"当成一个矿藏，从中挖掘出财富来

有人说，人的命运就好似一个雕像，而磨难则犹如一把锋利的雕刻刀，人则是用这把刀来刻画命运的雕塑家。一尊好的雕像的诞生，必须要经过磨难的洗礼，更需要雕塑家的坚毅和深沉的内在性格作支撑。日常中，经常能看到一些人之所以深陷不幸，不断上演悲哀的人生，是因为他们遭遇不幸时，只会感叹和埋怨，却没能够反思自己：不幸为何总是降临到自己身上，更没有痛定思痛，将不幸的经历当成一个矿藏，从中开掘出一些宝贵的财富来。

其实，幸运与不幸，中间只隔着一个"心态"，软弱的人遇到不幸，心中装着"消极"，只懂得在其中哀怨；而坚强的人遇到不幸，则可以用"积极"的态度，点石成金，让不幸在生命中开出花来，从中掘出不竭的财富来。

接纳无法改变的，生活会给你另一种惊喜

　　每个人的一生都会遇到无力挽回或无法改变的事实：亲人的离去、突如其来的人际变故、疾病、残疾……这些都是不可预料的，也是无法改变的。遇到此类事情，与其徒劳无功地消极抗拒，不如学着乐观地接纳。当你开始拥抱和接纳所有的不幸时，你会发现，生活早已经为你准备好了意外的"惊喜"。

　　著名作家史铁生曾写过这样一段话：因为疾病导致我失去了两条腿，那是两年前的事情，在接下来的两年里，我很消极，什么都不愿意做，生活在消沉、沮丧和暴躁里，不断地抱怨老天的不公，无法接受少了双腿的事实。我把人生的力量全部用在对抗不能抗拒的事实上，所以即便耗费了两年的时光，双腿不仅没有好起来，而且整个人都消沉了许多。最糟糕的结果是，两年时间一事无成。后来，我慢慢地接受了这个事实，将那种抗拒的力量给收回来，开始执笔写作，自那以后，我的人生开始变得积极和乐观起来，原本沉闷的生活似乎变得有趣味多了。随着一些不错的作品的问世，我才意识到：对强者而言，磨难也能成为礼物！

　　面对生活中许多不可改变的事实，许多人总是表现出一种抗拒的情绪。对此，心理学家指出，一个人若对负面的情绪总是表现出抗拒、否定、压抑、排斥的态度，那么，人对这种负面情绪的感受会不断地加强。请记住：凡是你所抗拒的，都是会持续的。因为当你抗拒某一种情绪的时候，你就会聚集在那种情绪或者是事情上面，

这样就赋予了它更多的能量，它就变得更为强大了。而当你积极地接纳它，让它成为你生命中的一部分时，痛苦则能减轻许多，而生活的许多"转机"也会在此产生。

2017年北大校长在毕业致辞上，曾给毕业生讲过自己的真实经历：

中学毕业之后，我曾在一个农场工作了五年。一次，场里推荐工农兵大学生去一个师范学院读书，农场里的很多人都推荐了我。当时的我可以说是信心满满，但不久后便得知农场领导决定的是另外一个人。虽据理力争，但最终还是没能改变农场领导的决定。大家可以想象当时我的心情，我用了很久才使自己慢慢平静下来。在很多年以后，当我读到《尼布尔的祈祷文》中的一段话的时候，我还能想起那些不眠之夜，文中说"请给我平静，去接受我无法改变的；请给我勇气，去改变我能够改变的；请给我智慧，去分辨这两者"。

我们每个人都会遇到一些内心难以接受的事情，如何使自己始终保持健康平和的心态，这真的需要很大勇气和智慧，需要我们去体验、去感悟、去历练。世间的事情有时真的很奇妙，当我以平和的心态面对现实，继续保持自己的乐观向上，生命中竟然得到了意外的惊喜。我没有能够到那所师范学院学习，却幸运地赶上了第二年恢复高考，进入了北京大学。

生活中的事情就是如此，什么麻烦都不会永远停留在不如意之中的，与其悲观失望，不如学着去接纳，然后乐观面对，给自己一些积极的心理暗示力量，这样就能够让自己充满自信地去改变事情，也更能迎来"转机"。

常发牢骚泄怨气，不如积极适应求顺气

今年 35 岁的肖枫供职于北京一家软件开发公司。

几个礼拜前的一天，他有机会去深圳出差，为了赶早班火车，他特意将闹铃设置到了早上 6 点，第二天，他准时在 7 点钟到达高铁站。在高铁站看了近一个小时的书，发现并没有想象得那么困，早起也没有想象得那么难。

既然如此，不如以后就早点起床，把这段时间拿来看书？有了这个想法后，肖枫在第二天就开始执行了。以往是 8 点钟起床 9 点上班，那天他提前了一个小时，8 点钟就到了公司楼下的肯德基，要了份早餐，坐在角落里边吃边看书。

肯德基的每个角落里都坐着一些人，有人低头看书，有人在做练习题，有人在背单词。在此之前，肖枫总觉得自己能提前一个小时起床，已经算得上是很努力的人了。但是看到他们的时候，他一下子感到紧张起来。

第二周，他在原先的基础上又提前了半小时。6 点半就起床，7 点钟的地铁里已经站满了人，7 点半到肯德基的时候，每个角落里依然坐了很多学习的人，而且个个都比他年轻。

永远有比你更早的人，就算你 5 点半跟首班地铁一起出发，也还有一夜未眠的人。所以，他决定不再跟人比拼早起了，对于自己之前的生活而言，他觉得自己若能好好利用这一个半小时已经足够了。每个人都有自己的生活轨迹，他决定不跟他们重合。但他在内心却告诫自己：这个世界上永远有比自己更加努力付出的人。他们也许也有诸多的烦心事，也很忙，在生活或工作中也会遇到重重的困难，但他们为了解决这些问题，愿意脚踏实地地付出行动，而不仅仅只停在对生活无尽的抱怨之中。

生活中，对生活不满便抱怨是大部分人的常态，不满薪水太低，不满客户刁难，不满朋友的行为，不满私人空间被工作挤压，不满拥堵的路况……遇事抱怨是免不了的，每个人处于激烈的竞争中，心中有不可言说的憋屈亦是免不了的，抱怨只是发泄情绪的一种方式。关键就在于，抱怨之后，你是继续保持生活的原样，还是转变对生活的态度。

然而，常发牢骚泄怨气，不如积极适应求顺气。要知道，老板不会因为你善于抱怨，就给你加薪；客户不会因为你善于抱怨，就给你订单；陌生人不会因为你善于抱怨，就主动跟你交朋友；领导不会因为你善于抱怨，就把该你干的工作都分配给别人……事实已经既定，由不得你做主，你也改变不了它们。你唯一能做的，就是不断地修炼自己，增强自己的竞争力，一点点地减少自己身上的负能量，一步步让自己变得更强大。

没有人逼着你每天起早贪黑加班，甚至熬夜到天亮；没有人逼着你为了熟悉一项工作而低三下四；没有人逼你离开家乡到一个陌生的地方颠沛流离……可是，许多人仍然义无反顾地这么去做了。因为他们不甘心，他们要去探索生命的另一种可能；因为他们不想平庸地活着，不想放弃他们曾经狂热的梦想。他们要时刻保持继续前行的壮志，渴望自己能够站得更高一点，看得更远一点。

我们大部分人，可能因为天赋不够高，长相不够美，先天条件有这样或那样的不足，但这些不能成为我们不努力的理由，恰恰相反，正是因为我们如此平凡，才需要比别人付出更多的努力，假如你想超越现在的生活的话。

不抱怨的世界、没脾气的人，都是不存在的。让身边的抱怨声越来越少，让自己领略人生更高的风景，让自己的生命更坚实，这便是努力的意义。所以，在任何时候，都别去怀疑努力的意义，不要总是充满怨气，你所付出的，生活总会在更高远的地方给你更丰厚的回报。

学习，是恐慌无助的最佳"克星"

人工作、结婚、生子，其终极目标便是寻求一种安全感。"安全感"是多数人所匮乏的，而当你感受到无助时，就是上天送给你的信号：该为自己的人生添点料了。而学习，则是恐慌无助的最佳"克星"。

现实中，我们可能都曾有过被恐慌无助袭击的时候：被人在背后论是非，被同事抢了功劳，被老板无端地责骂，被工作压力袭击，被老公指责，为孩子下降的成绩恼心……种种不如意，会像炸弹一样，还未等你准备好，便在你周围引爆，搞得你措手不及，心烦意乱。而这时，很多内心缺乏定力的人，便会生闷气，或者会随意发脾气，招致坏情绪使人陷入恐慌和焦虑之中无法自拔。

情感作家苏岑说，恐慌无助，揭示了人生的短板。所以，当你感到恐慌无助，被坏情绪包围时，你不妨尝试一下：

当听到有人在背后说你坏话，别把时间用在寻仇反击上，跟着电视学一道小菜，不仅能保证你餐桌上的营养，更能引人夸赞。

当被同事抢了功劳，别把时间浪费在咒骂上，先放下手头的工作，约闺密一起去逛街，不一定非要买东西，在高级商场逛上一天，你就发现，自己的审美品位一下子提升了。

当你被老板无端责骂，别把时间浪费在痛苦揪心上，打开音响学习一首歌曲，当歌唱熟了，心境自然就开阔了。

当你被工作中的难题压得喘不过气来，更不该把时间浪费在买醉上，买上一本书，静心阅读，总能学到新东西，并从中获得慰藉。

当你被朋友误解，不应该伤心、痛苦，而是先放下眼前的一切，去学习一段舞蹈，等舞蹈学会了，你的心结有可能就解开了。

……

总之，学习是抵抗恐慌无助的最佳工具。它能转移你的注意力，帮助你分散对未来的不确定性，并且坚定对自己的自信心，更可以把时间利用到最佳值。无助，可以使你变得更为强大，也可以使你的内心越来越自闭、越来越卑微，这完全取决于你在最无助和恐慌的时候干什么。

随着现代社会压力的增大，很多人都很容易情绪化，悲伤、焦虑、烦恼等负面情绪常常会不期而至，如果一遇事便沉浸其中，那么，你将会在坏情绪的泥潭中越陷越深，这个时候，你能以学习一门业余兴趣，乃至一项小的生活技能来转移自我注意力，不仅控制了自己的坏情绪，避免生活滋生出一些不必要的麻烦和烦恼，还可以获得一种新技能，充实自己的内在，增加你的自信心，它是减轻你对未来恐慌感的最佳良药。

你觉得不公平，那是因为你还没有实力

一位工人向朋友抱怨："活是我们干的，受到表扬的却是组长，最后的成果又都变成经理的了，不公平。"朋友微笑说："看看你的手表，是不是先看时针，再看分针，可是运转最多的秒针你却看都不看一眼。"这则小故事说明：当你感到不公平时就要付出努力做前者，抱怨是没有用的。

生活中，每个人都不可避免会遇到"不平之事"：平时成绩不如自己的人，却上了一所比自己好的大学；能力不及自己的人，却得到了重用、升迁；自己辛苦做出的成绩，却被人抢了功劳；自己心爱的女孩却突然被人捷足先登了；曾经不屑一顾的同事，一朝却成了自己的上司……这些事看上去很平常，却都能与你的"实力弱"牵上关系：那些看起来成绩不如你的人，人家始终不放弃并在关键时候为自己赢得机会，那可能是因为人家在背后付出了你想象不到的努力，或者说人家的心理素质比你好，能在关键时刻超常发挥；你辛苦做出的成绩，被同事抢功劳，说明你做事有疏漏才让对方钻了空子；那位你不屑一顾的同事成为你的上司，说明人家确实有过人之处，而只是你从不关注罢了……这个世界上没有平白无故的"获得"，亦没有无缘无故的"失去"，所以，别总抱怨老天对你不公，命运之神不眷顾你，在这些负能量产生之前，要先从自身的实力方面找原因。

杰瑞和雷丝同是一家菜店的伙计，原本他们拿着同样的薪水。

但是一段时间之后，杰瑞青云直上，又是升职又是加薪，而雷丝却仍在原地踏步，甚至面临被裁的危险。雷丝觉得自己每天都将工作做得很好，可却得不到老板的公正待遇，觉得很不公平。于是，他打算到老板那里评理。

老板耐心地听完雷丝的抱怨，沉默了一会儿，说道："你现在到集市上去一下，看看有什么卖的？"

一会儿工夫，雷丝便从集市上回来了，他汇报道："集市上只有一个老头拉着一车白菜在卖。"

"有多少斤白菜？"老板问道。

见雷丝摇摇头，老板又问："价格呢？"

"您只是让我去看看有卖什么，又没有叫我打听别的。"雷丝委屈地申明。

"好吧，"老板接着说，"现在你到里屋去，别出声，看看杰瑞怎么说。"于是老板把杰瑞叫来，吩咐他去集市上看看有卖什么的。

很快，杰瑞就从集市上回来了，他一口气向老板汇报说："今天集市上只有一个老头在卖白菜，目前共 200 斤，价格是 6 毛一斤。我看了一下，这些白菜质量不错，价格也低，我猜想您估计会喜欢，所以我把那人带来了，他现在正在外面等您回话呢。"

此时，老板叫出雷丝，语重心长地说："现在你知道为什么杰瑞的薪水比你高了吧？"雷丝无语。

很多时候，我们感到不公，其实你只是表面看起来比别人强，却不知道对方在背后所付出的艰辛、努力和心思。也就是说，你所看到的"不公平"，根本原因全出在自己身上。所以，当你在满腹牢骚地抱怨"不公"的时候，你是否反问过"自己真的是最好的吗？"

"自己真做得够完美吗?""自己真的处处胜过别人吗?"如果你肯时刻这样想，一方面可以终止自己的埋怨，另一方面亦可以通过反思自我，不断地提升自己的实力。

得不到机会，就先从自己身上找原因

"老板有点可恶，他就是不重用我!"

"上司真苛刻，就是不给我机会!"

"老板真的不懂识人，像我这么有才华的不重用，却去重用能力平平的!"

"老板简直太过分了，天天要求我做这个做那个!"……

职场中我们经常会听到类似的抱怨，这些员工总是习惯把自己失败的责任推到老板或上司身上，却从来不去反思自己。这是职场中的多数人，他们的愿望是"什么事都不做，但是老板却能天天给自己加工资"，总是抱着"不劳而获"的心态对待工作，难免会经常推卸责任，所以，也只能沦为平庸之人。

而职场上，还有约2%的人，很懂得去反思自我，这2%的人最终会成为职场精英。这些人都在反思什么呢? 诸如"老板为何不重用我? 我哪里没有做好? 我的哪个工作环节做得还不够完美? 老板为何偏偏把机会留给别人，而不愿意考虑我呢? 老板要求的，我为何总做不到呢? 老板总是对我提这样那样的要求，我为何不能积极主动呢? ……"这样的优秀者总是很清楚地明白这样一个道理: 老板聘我是来做事的，他手中握着的机会，总是要放出来的。至于机会给谁，肯定有他自己的判断，而不会胡乱地给，也不会仅凭个人感情来给。得不到老板的器重，原因肯定不在老板身上，而在自己身上，要么是你自己根本没能力，做不了事情，老板把机会交给你，他不放心；要么就是你虽然有本事，但没能展示出来，老板对你没有信心。所以，你得不到机会，根本是怪不到老板头上的。既然怪不着老板，那就要先做好自己，而做好自己的前提就是要懂得反思自己。

无论是在职场上还是在生活中，一个懂得时刻反思自己的人，是无敌的。一个人要成就大事，要先懂得从自己身上找问题。

在美国军队中，一次，一名军官到下属部队去视察并看望士兵。在军营中，这位军官看到一位士兵戴的帽子很大，大得都快把眼睛给遮住了。于是，他走过去问这个士兵："你的帽子为什么会这么大？"这位士兵马上立正并大声说："报告长官，不是我的帽子太大，而是因为我的头太小了。"军官听了忍不住大笑起来，并说道："头太小不就是帽子太大吗？"士兵马上又说："一个军人，如果遇到点什么，应该先从自己身上找原因，而不是从别的方面找问题。"军官点点头，似有所悟。几年后，这位士兵成了一位出色的少将。

职场中，如果每位员工都能像这位士兵那样，首先从自己身上找原因，哪会有做不好的工作呢？哪会有时间去埋怨老板呢？他们只会充满激情地埋头苦干。在你满怀激情工作时，你的上司、老板都会看在眼里的。当他们经过观察和考核，认证了你的能力，觉得你是一个值得重用的人时，他们一定会把机会给你的。而相反，如果你只懂得抱怨，遇到问题只懂得推卸责任，那么，机会一定会绕着你走。

一家公司刚搞完一次元旦促销活动，效果不是很理想。于是，老总开会，让管理层分析原因。

市场部老板说："元旦促销不理想，我们也有责任，但主要是我们的新产品开发速度太慢，研发部门难辞其咎。"

研发部老总说："我们推出的新产品少，那是因为财务部给的预算太少了，我们的设计师都没钱去德国参加科技展览会。更何况，没钱员工怎么能研发新产品呢？"

财务部老总说："我们的预算太少了，原因是公司今年产品的成本迅速攀升，销量也直线下滑。各个部门都要削减预算成本，我们也是响应老板的号召啊！"

老板看了三个部门老总，淡淡地说："看来，这是我的责任了。"

不久，这三位员工都被老板炒了鱿鱼。

一个人，在其位而不谋其政，做什么事，都找借口，不敢承担责任，这样的人不能胜任工作，不仅不能得到提拔，还可能会被扫地出门。而一个人是否懂得认真反思自我，是其是否愿意承担责任的前提。所以，在任何时候都不要抱怨机会不垂青于你，不要光觉得老板对你有偏见，而要静下心去反思自己的行为，你是否对工作尽职尽责了，是否把工作做得完美无缺了，是否去反思老板为何不够看重你了……等你静下心去仔细反思自我的时候，就能发现大多数时候问题都是出在自己身上。要想在职场有一个好的前途，这是第一步，也是最重要的一步。

与其一味狂躁不安，不如耐心从头开始

生活中很多人，尤其是年轻人，总是会莫名地为当下的窘迫状态而着急：觉得自己要什么没什么，孑然一身，是彻头彻尾的失败者。他们为此时常焦虑不安，夜不能寐，甚至变得越来越狂躁。他们只将眼光锁定在现状上，为自己当下的窘境而抓狂，甚至还时常抱怨环境，诅咒自己和身边的人，但是越是这样，则越是无法改变现状。

其实，当下的一无所有并不可怕，可怕的是失去前进的勇气，不懂得静下心来脚踏实地去改变。假如一个人总是为自己的现状而焦虑，但又安于现状，不主动去改变，即便机会在眼前，也难以做出成就。

一个青年20岁的时候便因为没饭吃而饿死了。当他死后到阴间报到时，阎王爷在生死簿上发现，这个人应该有1000两黄金的财运，而且阳寿应该有76岁才是。究竟是什么改变了他的命运轨迹，吞噬了他的财富和生命呢？阎王爷觉得非常奇怪，决定要查个清楚，于是就找来了财神。

财神说："我看这个人文采不错，觉得他写文章的话一定能大有作为。所以就把那1000两黄金交给了文曲星。"于是阎王爷又找来文曲星，文曲星说："我看这个人虽然有文才，但是武略更胜一筹，所以就把那1000两黄金交给了武曲星。"于是阎王爷又叫来武曲星，武曲星说："这个人的文才武略都是一流的，但是他很懒惰，什么也不做，我不知道怎么让他拿到这 1000 两黄金，所以只好把黄金交给了土地公。"阎王爷又找来土地公，土地公说："这个人虽然整天想着发财，但懒得很。我怕他拿不到黄金，所以就把黄金埋在他家的后院里了。只要他在院子里挖一锄头，就可以挖到黄金了，可惜他从来没有挖过一锄头，就这样活活地被饿死了。"阎王爷听了之后，说了句："活该！"就把那 1000 两黄金充公了。

虽然是一个荒诞的故事，却点明了生活中的一个大道理：一个人若是终日只想着发财，却不付出一点儿努力，即便是命中注定的财富也拿不到。什么都没有并不可怕，并不值得焦虑，只要你懂得静下心来，从头开始，努力奋斗，那么你现在的贫穷并不是负担，而是向前的起点。

今年 26 岁的赵新始终没找到合适的工作。出身贫苦的他得不到家庭的任何经济支持，也没什么手艺，而且身无分文，最后只能窝在老家附近的小城市跟一个师傅学修鞋子。那时候，他心急如焚，觉得自己太无用了。但他静下心来反思道，一味地干着急并不能改变自己的现状，只有静下心来努力争取，才能让自己的生活变得更为富足。他的想法非常简单，觉得"艺不压人，学点手艺，之后能混口饭吃"。为了多挣点钱，他白天在街上修鞋子，晚上到餐馆打工，虽然工作很辛苦，但他收获颇丰。在这期间，他学会了察言观色，学会了跟不同的人打交道，而这些都是在学校学不到的。两年后，他终于有了 3 万多元的积蓄，而这些钱对他来说是一笔非常可观的数目。

有了钱，他面临着两个选择，到县城去付个首付买房和现在的女友结婚，还是继续到大城市打拼一番？他的年龄也不小了，爸妈总是为他的婚事着急。左思右想后，他还是选择到省会城市去找工作，谋求更好的出路。经过一番考察，他在省城一条繁华的街上租了一个门面，开始了他的修鞋、擦鞋生涯。

凭着过硬的手艺，他的生意逐渐好起来。后来，他发现前来修鞋的人，大都爱到附近的摊子上吃夜宵喝啤酒。于是，他从别人那里进了一点烟酒摆在店里，没想到这竟然成了他走上烟酒代理的起点。卖烟酒时间长了，他发现从别人那儿进货成本非常高，于是聪明的他把目标聚焦到了烟酒品牌产品的代理上。当然，想要成为代理并非易事，谁也不会把大批的货物交给一个不到 30 岁的小伙子，而且当时很多啤酒厂都有专门的代理，再说他也没有那么多的资金，实力远远没达到做代理的要求。

赵新并没有因此而焦躁抓狂，他带着几万元钱来到一家知名啤酒品牌的生产厂家，寻求代理的机会。厂长听了他的来意后，一口便拒绝了。赵新并没有气馁，语气坚定地说："您不批发给我，我就不走！"厂长见他如此执着，便给了他一个在当时看似不可能完成的任务：回收十万个酒瓶子前来换酒。原来只是个玩笑，没想到却被赵新放在心上了。他带着女友走街串巷，没日没夜地回收酒瓶子，最终果真收够了十万个酒瓶。厂长被他脚踏实地、肯干吃苦的精神打动了，便把酒批发给他。

后来，赵新经过不懈的努力，又陆续谈下了其他几个酒产品的代理，一步一个脚印，其公司的销售额突破了 300 万元，而如今他还在努力着，相信不久的将来，他一定会做出非凡的成就来。

从最初的一无所有，到如今的百万销售额业绩的达成，赵新用他的脚踏实地谱写了他自己的商业传奇。在一无所有的时候，他并没有为此急躁抓狂，而是稳扎稳打，不断地突破自我。由此可见，从零开始并不可怕，可怕的是你在急躁中蹉跎岁月，最终仍旧一无所有。

当你一文不值时，你的"面子"也毫无价值

年轻人赤手空拳打拼的时候，除了自尊一无所有。由于没有实力和资历做依托，最后连起码的自尊都无法维系，也许这就是许多职场菜鸟在职场中屡屡受挫的原因。人是集情感与理智于一身的矛盾体，当自尊心受到伤害的时候，没有人能做到完全理智，这是人之常情。被啐了一脸唾沫，能微笑擦去的人，一定不是泛泛之辈，他们要么是伟人，要么是智者，要么是韩信、勾践之流，为了日后的事业，甘于含垢忍辱。作为渺小的普通人，我们坚信自身的人格尊严神圣不可侵犯，故而在面子甚至是自尊受到侵犯时，首先想到的就是自卫和反击。

人自从有了自我意识，每时每刻都在拼命探寻自我的价值。谁都希望自身的价值被肯定，自尊得到充分满足，可是当你置身于广阔的社会背景中时，希望常常落空。别人没有义务在你能力不强的时候肯定你，也没有义务在你孱弱不堪的时候，给予你任何赞美和期许。俞敏洪说过，你要长成参天大树，才能赢得别人的尊重，人们踩踏了小草，绝不会俯下身来对脚下的小草说对不起。这是赤裸裸的现实。在世人眼里，你的价值和你创造的价值是等量的，你能为企业、为社会创造多大价值，就能赢得多大的尊重，当你一文不

值的时候，你的面子也毫无价值。

在还没有攒足实力之前，你必须得沉得住气，甘于放下可怜的自尊，然后知耻而后勇，暗暗积蓄力量，以图后起。沉不住气，你失去的不仅仅是面子，还有美好的明天，日后可能永远都要在潦倒中度过了，到时你拼命维系的自尊也会因为经受不住现实的捶打而解体。今天放下面子，是为了明天能活得更有尊严，如果这么简单的道理你都看不破，以后还会有什么出息呢？

杨锐在实习期，进入了某个品牌的策划组，参与了一个奢侈品展。在展会上，每个高端品牌的展位两旁都安排了 6 名衣装整齐的引导人员。他们主要负责招揽客人，吸引更多的人关注相关品牌，安排预约活动等。展位的客流量越大，人气越旺，旁边的引导员得到的报酬越丰厚。

所有的引导员脸上都挂着笑容，个个殷勤地招呼顾客，只有杨锐例外，他面无表情地站在那里，一句话也不说，心里还在想着早晨被组长批评的事。当天早上，因为赶时间，他没来得及吃早餐，把早点带到了展会上。组长见了，非常不悦，语气不善地挖苦道："你以为这里是你们学校的食堂啊。"

杨锐从来没被人这样讥讽过，自尊心受到了极大的伤害，当场顶撞了组长几句，并大言不惭地把自己比喻成被埋没的千里马，把组长比喻成不识货的马夫，还流利地背诵了一段韩愈的《马说》："故虽有名马，祇辱于奴隶人之手，骈死于槽枥之间，不以千里称也。""是马也，虽有千里之能，食不饱，力不足，才美不外见。"

组长没和他一般见识，叹了口气说："好吧，你争取在展会开始之前把东西吃完，别让客户看见，免得吃相不雅，影响品牌形象。

吃饱之后，好好干活，让我看看你是不是真有千里马的才能。"

事情过去了，杨锐心里仍然很不是滋味，以前他从来没挨过骂，更不要说被人夹枪带棒地挖苦了，所以在展会上，他一直闷闷不乐，几乎把所有的客户当成了空气，对谁都爱答不理的。组长见了，马上走过去说："千里马，打起精神来，保持微笑。"杨锐点点头，勉强挤出了一丝笑容，组长一走，他又摆出了冷冰冰的架势。组长来来回回地到展位巡视，发现杨锐状态不对，劝了很多次都无济于事。每次被提醒，杨锐都会象征性地装装样子，坚持不到十分钟就又打回原形了。组长忍无可忍，给他下了最后通牒：要么好好干，要么马上走人。杨锐赌气说："走就走，有什么了不起的。"说完一扭头就离开了。

事后，同事们在聚餐聊天时，提起了杨锐，有人说他好像是某个名牌大学毕业的，众人不相信，认为毕业于名牌大学的高才生不可能素质那么差，组长说杨锐确实是个高才生，众人面面相觑，依旧不相信。组长说："人家是天之骄子，脸皮薄，自尊心强，心高气傲，听不得一点儿不中听的话。"众人听完，哦了一声，连连叹息，并不是为公司痛失人才而惋惜，而是在慨叹现在的年轻人为什么心理承受能力那么差，那么容易伤自尊，为了一点小事就把大好的机会放弃了。

这个世界不相信眼泪，也没有人在乎你的面子，先干出业绩做出成就，再强调你的心理感受吧。处在人生的起步期，一定要沉得住气，千万别像玻璃人那样脆弱，被人伤了自尊不要紧，想办法重新把自尊赢回来。谁都有过彷徨迷惘的时期，谁都有过被现实灼伤的时刻，冷静下来仔细想想，其实一切都没有什么大不了，只要你足够努力，终有一雪前耻的机会。被伤自尊未必是一件坏事，这样的负面经历有可能成为鞭策你奋进的力量，把你推向成功的宝座。

别让过去的卑微禁锢自己的一生

过往贫穷、卑微的心态会使人养成不自信、懦弱的个性。这种个性能埋没一个人的才能，让人给自己的生活抹上一层悲观的色彩，让人丧失机会，总与成功擦肩而过。其实，过往的贫穷、卑微只代表你过去的岁月，它并不能否定你的未来，所以，在任何时候，我们都不要拿过去的卑微去禁锢自己的一生。

伊东·布拉格是美国历史上第一位获得普利策奖的黑人记者，当同行采访他的时候，询问他的获奖感受，他就向大家讲述了自己的经历：

我是从过去的卑微中尝尽了苦头，才有了向前奋发的动力！

在我很小的时候，家里非常贫穷，我父亲是个水手，他每年都来来回回地穿梭于大西洋的各个港口之中，尽管如此，挣的钱依然不够维持全家人的生活！在这样的处境中，我曾经异常地沮丧，因为我一直都认为，如我们地位如此卑微、贫穷的黑人是不可能有出息的。抱着这样的想法，我浑浑噩噩地上学。可想而知，成绩也好不到哪儿去，我就这样在自己设定的围墙中生活了 10 年时间。

有一次，父亲突然走过来对我说："你现在长大了，应该带你出去见见世面，我希望你的生活能与父母不同，能摆脱从前的贫穷而有所成就。"

听了父亲的话，我就暗想："有所成就？怎么可能呢？我一直不过都是个穷黑人的儿子！"

尽管如此，我依然听从父亲的安排，随他一起去参观了大画家梵高的故居。

在这间狭小的屋子中，我看见一张小木床，还有一双裂了口的皮鞋。我当时十分惊讶，这位著名画家的生活居然是如此简陋！我便问父亲："梵高不是著名的画家，不是很有钱吗？他怎么会在这种地方住？"

父亲对我说："儿子，你错了，梵高曾经也是个十分贫穷的人，还没我们富裕，他甚至连妻子都娶不上，但是他依然没向贫困屈服！"

这段经历使我对自己以前的看法产生了疑惑，我想自己是否也可以从过去的碌碌无为中摆脱出来，而有些出息呢？梵高不也是个穷人吗？

第二年，父亲又带着我到了丹麦，我们游走于安徒生的故居之内，这里的环境比梵高强不了多少，我就更为惊讶了，因为在安徒生的童话中，到处都是金碧辉煌的皇宫，我一直以为他与他书中塑造的人物一样，都生活在皇宫里呢？父亲看着我意味深长地说："不，孩子，安徒生是个鞋匠的儿子，你喜欢的那些童话就是他在这栋阁楼里写出来的。"直到这个时候，我们终于明白父亲为何要带我参观梵高和安徒生的故居了，其实他是想告诉我：不要在乎自己过去的生活如何贫穷，尽管我们都是穷人，身份很卑微，但是这丝毫也不影响我们以后成为一个有出息的人！

对于过去的贫穷，我们一定要坚信：从你自己踏入生命旅程的那一刻起，我们就告别了贫穷，摒弃了过去，我们要将过去从自己的记忆中永久地删除，才能仰望前方，看到远方的希望，只要风雨兼程，勇往直前，最终会换来专属于自己的一片碧蓝晴空的。

很多时候，生活就像一个大熔炉，经过烈火后有人变得软弱，拿过去的一切来否定他的未来，而有的人则变得坚强，有人虽然熔化了却千古流芳。你要做哪一种人呢？其实，上帝给谁的幸运都不会太多，面对不佳的际遇、一时的坎坷，多数人都会抱怨命运的不公、上帝的捉弄，却很少有人去真正地审视当下的自己，去冷静地问一问自己是否真的是一无是处。

生命的天空总是异彩纷呈。面对过往的卑微和潦倒，我们所要做的不是怨天尤人，自暴自弃，而应该是不断捕捉生存智慧，学会勇敢和坚强。要知道，上帝永远是公平的。等到有一天，你真正将自己打磨成一块金子时，任何人都掩不住你灿烂夺目的光辉。

第九章

不苛求，不急躁：追求简约，
随遇而安

金无足赤，人无完人，世间一切事物都是有缺憾的，如果我们总是对诸多的不公平不依不饶，事事都较真，都苛求完美，那么内心一定会感到疲惫不堪。只有以冷静、宽容、积极、平和的心态去对待不平之事，事事都追求简约，才能够获得无比的从容和快乐！

过分苛求，等于给心灵戴上枷锁

不论是生活中，还是工作中，人们往往认为认真的人是最可爱的，他们能把自己的工作做得更为出色，让生活变得更为精致，也能让人生变得幸福和充实。认真的态度固然是好的，但是在现实生活中，我们看到不少人却因为认真得近乎偏执，对自己过分苛求，导致生活过于沉重。

已经是凌晨1点多钟了，珊珊房间的灯依旧亮着，她正坐在书房里忙碌着复习，神色有些憔悴。这种状态已经持续两个月了，在这段时间里，她的脑子里总重复着：学习，考试。之所以如此紧张，勤奋，主要是因为她的会计资格证已经考了三次都没有通过，这个月要考第四次了。

珊珊做的是人力资源工作，平时工作很出色，虽然平时工作中根本用不到会计，但是，因为大学时候会计资格证没有考过，她一直不甘心。于是，她毕业后就与这个会计证书叫上了板，不考过决不罢休。

珊珊从小就受过极好的教育，做事也极为认真，责任心很强。但是她从小到大总是惧怕考试，平时学习挺好，但是一到考试就落后。尽管惧怕考试，但是还是不想让自己的人生留下什么遗憾。可是在每次临考的夜里，她总会胡思乱想，而且想着想着就睡不着了，结果，第二天考试就考砸了。几年下来，她仍然没能如愿拿到那个资格证书。如今，为了这个考试，她每晚都强迫自己去认真学习，由于太过紧张和焦虑，她几乎每晚都会失眠，这已经严重地影响了她白天的工作，她感到痛苦极了。

珊珊的痛苦主要是她过分苛求自己造成的。对于她来说，会计资格证既然在她的工作中用不到，就没有必要去那样苦苦地折磨自己。

在现实生活中，如珊珊这样的人有很多，他们总是为了一些无关紧要的理由去过分地苛求自己努力做到最好，强迫自己去做一些内心本不愿意去做的事情；他们不信任别人，事无巨细，大事小事自己一人包揽；他们甚至不敢公开表达自己的消极情绪，长期的压力与压抑让他们产生了极为消极的心理反应。其实，如果仔细静下心来想想，又何必呢？我们不能做到最好，完全可以放松心态做到很好；不能拥有伟大，完全可以静守平庸，用轻松的人生规则主宰自己的快乐又有何不可呢？

我们现在可以试想这样一个场景，有位老板说："你当前的工作做得不错，但是我希望你每个月完成四项任务，而不是现在的三项。"不苛求的人看到的会是自己三项工作任务都完成得不错，努力没有白费；而苛求的人则更多关注的是那未完成的第四项任务。所以，这样的心态必然导致两种不同的结果：一种是极为积极活跃，而另一个则是更加悲观沮丧。

不管我们承不承认，苛求的人，他们的人生总是相对要极为沉重些，生活是十分疲惫的。同时，过分苛求的人的性格中往往还有偏执的一面，他们也爱自我压抑，这些都会对个人身心健康造成一定的影响。过分苛求自己的人，平时总会感到自己的压力很大，经常处于焦虑和疲惫中，长期在这种情绪的压抑下，个人极易走上极端，易患各种心理疾病，如抑郁症等。

俗话说："水至清则无鱼，人至察则无徒。"在现实生活中，我们对人、对事、对自己都不宜过分苛求，否则，只会置自己于孤寂和焦灼之中。人的一生中，挫折、坎坷都是难免的，痛苦和欢乐也是同在的，烦恼与幸福也是共存的。我们对成功苛求越多，失败后，遭受痛苦也就越大，这就是心理学中所说的智商越高，对苦闷的体验就会越敏感。所以，在生活中，我们一定要理性地认清自己，面对现实，量力而行，不要过于苛求自己，这样我们才能更深地体会到生活与成功的意义。

有一次，晓琳去外地参加一个重要的会议，在一个没有电梯的宾馆，从一楼到五楼之间上下了六七趟，几趟下来，感觉腿脚发麻、浑身无力。而与她一同参加会议的一位年迈的老太太却大气不喘，精神焕发。

晓琳与老人闲聊后才知晓她已经有七十高龄，是这次会议的特邀嘉宾。这么大的年龄还有这么好的身子骨和精气神实在令晓琳十分佩服，就向她讨教养生秘诀，老人说："我的秘诀就是忧愁穿脑过，梦在心中留，对什么事情都不去苛求。"

在谈到自己的梦想时，老人说，自己在生活中与人无争，与己有求，但不过分苛求。她说她根本不想做名人，不想当明星，只想做个有所为又有所不为的文学爱好者。在自己三十多岁的时候，当明白自己一生所要的不过是清清淡淡一碗饭后，就主动放下了许多事情，让每天的生活不闲着，也不劳累，早上起来跑跑步，白天读读书，晚上有空写写字，从来都是睡得甜吃得香，从不为什么事情去担忧。然而，正是这种看似平淡的心境，才让她能够沉淀下来，静下心来，为自己创造了极好的创作空间，最后才成为一个了不起的作家。

试想，如这位老人一样乐观豁达，与己有求，但又不过分苛求的人，能不长寿吗？能不成功吗？不论年轻也好，年老也好，每个人心中都应该有一个照亮心灵的梦想，但是，对于梦想不要去过于苛求，不必为自己制定什么硬指标，比如每月一定要给自己制定完成梦想的具体额度，几年之内要达到什么位置，一生要留下多少财富等。这样就是对自己的苛求，是与自己叫板，与自己过不去了，而且只会让自己活在劳累和疲惫之中。

要知道，最终能够站在塔尖上的毕竟是世界上的少数人，只要根据自己的能力，坚守自己的梦想，抱着一种顺其自然的心态去追求，只要为此付出努力了，就能够问心无愧，就能够知足，这样才能让自己感受到追求梦想过程的快乐与幸福。

不必急躁，慢一点就好

在生活中，许多人都认为青春应该是充满激情的，因此很多年轻人在处事的过程中总是苛求自己能尽自己最快的速度完成任务或办好事情，直至让自己陷入痛苦中才发现，原来很多事情是需要一些耐心的。

有位年轻人到河边去钓鱼，他旁边也坐着位垂钓的老人。二人的距离很近，但是，令年轻人奇怪的是，老人家不停地有鱼上钩，而自己一整天都没有什么收获。最终，他终于沉不住气说："我们两个人用的鱼饵相同，地方一样，为何你总能钓到鱼，我却一无所获？"

老人很从容地说："我钓鱼的时候心平气和，忘记了有鱼，所以手不动，眼也不眨，鱼不知道我的存在；而你心里只想着鱼吃你的饵没有，连眼也不停地盯着鱼，见鱼刚上钩就急躁，心情烦乱不安，鱼不让你吓跑才怪。"

急躁的心情会扰乱你的行动，影响自己实现目标。其实，生活中的很多事情就如鱼竿上的鱼一样，对待它也不可太急躁，否则，它不仅不会上你的"钩"，还会给你带来一些负面的情绪。

晓莉是某著名公司的管理人员，在公司工作的 4 年中，领导对她的评价是：思维敏捷，办事麻利，工作能力极强。而同事和下属对她的评价却是：不够宽容，激动易怒，做事手段太强硬。领导与同事对她的评价有如此大的不同，还源于她急躁的性格。

在公司内部，只要是上级部门向她下达工作任务，她总能够提前完成，为此，她总是能得到领导的表扬。但是，为了提前完成工作任务，她对下属的要求却十分苛刻，明明需要三天才能完成的任务，她却要将工作任务压缩到两天，不仅把自己搞得焦头烂额，也让那些去执行任务的员工忙得手忙脚乱，精神压力甚大。同时，如果哪个环节出了问题，拖延了时间，她不仅会大发雷霆，还会扣相关员工的月奖金，让她的下属都苦不堪言。

对此，她也有自己的理由："我其实也不想把大家搞得那么紧张，但是我就是忍受不了那种慢吞吞的样子……在公司里，我从不甘心自己落后，一看到那些效率低下的员工，我就会不由自主地发脾气……对此，我也十分苦恼，我平时的工作压力大极了，头痛、失眠、焦虑经常伴随着我，而且整个人经常会莫名其妙地处于焦躁不安之中，动不动就想发脾气……"

这就是急躁带来的后果。其实晓莉的急躁性格产生的根源在于过于苛求，她总是不甘于落后，不满足于现状，只要有工作任务，就会马上动手去干，这样做的目的无非是想得到领导的赞扬。但是，让自己背负如此巨大的痛苦去换取领导的赞扬，未免有些得不偿失了。

在生活中，我们是否也会这样：只要有任务或者有事情等着自己去做，就会急着动手去做，既不认真准备，又无周密计划。遇到烦琐的事情恨不得来个"快刀斩乱麻"，一下子想把所有问题都解决，问题一旦解决不了，又会产生挫败感，心神不宁。这时候，也时常听不进去别人的意见与建议，时常会对提意见或建议的人大发雷霆……自己的神经好像绷了根上紧的发条一样，仿佛永远无法平静下来！

不，你可以平静下来的。这时候，你只需舒缓自己的情绪，只要心中静静地默念：好，好，慢一点，不必急。并努力让自己心平气和地坐下来，放松神经，不刻意去思考什么内容，尽量使自己的思维维持在一种似有若无、天马行空的感觉里，或者集中精力听一种声音，如钟的嘀嗒声。等精神松弛下来后，然后随意控制自己的心理活动，还可以想象事情发生的场景，将自己置身其中，最终找到更好的处事方式。

同时，要相信，耐心是可以培养的，不要对自己要求过高，也不要过分地苛求他人，理性而积极地认识自己，这样才能让自己做出正确的选择与判断。做事情时，一方面要有计划，另一方面计划又不可过于完备，要预留自由度。俗话说"计划赶不上变化"，一个真正周到而有耐心的人，要善于在坚持自己的原则下灵活地变通，这样才能让自己在平静的状态下，有条不紊地达成自己的目标。

完美本身就是一种不完美

金无足赤，人无完人，事事都有缺憾，人人都有缺点。在生活中，如果我们一味地苛求完美，只会让自己产生浮躁心理，最终不仅达不到完美，还会让自己体味到更多的失望与痛苦。

在一座山上的寺庙里住着几个和尚。有一天，老和尚觉得自己时日不多，便想从弟子中找一个接班人来接替他，但是，他的弟子个个都很优秀，他也不知道如何选择。

几天后，他就把所有的弟子叫过来，吩咐他们去寺院后面的树林里各自找一片最完美的树叶回来。所有的弟子都不知其理，但是都仍然照师父的吩咐去做了。

很多和尚来到树林，心想，这么多的树叶到底什么树叶才是完美的呢？大家都苦思冥想，也不知道什么样的树叶是完美的，但师父交代的事情也不能应付，更不能不做，于是，便在树林里仔细并辛苦地找起来。结果到天黑累得气喘吁吁，也没能找到那片"最完美的树叶"，最终都空手而归。

只有一个和尚心想：这里的树叶这么多，每一片树叶又各自不同，什么样的树叶才是最完美的呢？于是他便在树林里随便拣了一片完整无损并且很干净的树叶带了回去，早早地回到寺院里。

　　天黑了，老和尚见众人都气喘吁吁地空手而归，唯有这个弟子很平静地把一片树叶交给他，便问他："你拣回的这片树叶是最完美的吗？"这个和尚答道："是的，虽然我不知道您说的最完美的树叶是什么样的，但我认为我拣回的树叶是最完美的。"

　　老和尚听后又问那些空手而归的和尚："你们都没有找到吗？"所有的弟子都说："我们尽心尽力地在树林里找了，但是根本没有找到最完美的。"

　　最终，老和尚宣布那个拣回树叶的弟子将成为自己的接班人。

　　老和尚的众多弟子之所以没有找到"最完美的树叶"，其根源就在于他们没有弄明白世间根本不存在最完美的东西的道理。这时可能有人会说，我为工作付出了很多精力，最终升了职，达到了自己的目的，不是一种完美吗？其实，很多时候，我们所追求到的这些"完美"，只是一个美丽的错觉。

　　因为任何事物的发展都是相对的，即便这一面看似完美了，另一面也难免会有残缺，就像许多爱岗敬业的工作狂，他们一味地想在事业上追求完美，不惜付出所有的精力与时间，以求换来年度最佳工作者、单位优秀个人等一系列完美的回报，而事实上，他们却丢掉了家庭、丢掉了健康。对于事业来说，工作狂可以说是做到了完美，而对于家庭和自己的健康呢？

　　不可否认，追求完美是人的一种心理特点，或者说是人的一种天性，按道理说，这并没有什么不好。人类也正是在这种追求中才不断地完善自己，创造出了这个五彩缤纷的世界。但是凡事都要适度，如果因为差缺那么一点点而耿耿于怀或没完没了，就大可不必了。更何况，世界上百分之百的完美根本就不存在，我们所谓的完美只是一句极具诱惑力的口号、一个漂亮的陷阱而已。

同样地，不仅事物有不尽完美的地方，人也都是有缺憾的，只有放宽心，生活才能变得更为美好。再者，事事都追求完美，并不一定能带来成功。

在非洲大草原上，有一头雄壮而富有野心的狮子叫迪奥，它从小就立下雄心壮志，一定要成为一头最完美的狮子。后来，这头狮子发现，狮子虽然是兽中之王，但是有个明显的弱点，那就是在长跑项目中的耐力要比羚羊弱很多。很多时候，狮子就是因为这个弱点，让美味的羚羊从嘴边溜掉了。于是野心勃勃的迪奥就想方设法要改掉自己的这个缺点，通过长期对羚羊的观察，它认为羚羊的耐力与吃草有关系。为了增长自己的耐力，迪奥就学着羚羊吃起草来。最终，迪奥因为长期吃草的缘故而变得很瘦弱，体力也大大下降。

母狮子发现迪奥的这一想法与做法后，就教育它说："狮子之所以成为草原之王，不是因为其没有缺点，而是因为它能够突出自己的优点，它是靠突出的观察力、优异的爆发力、锋利的牙齿和准确的扑咬动作，而不是靠追求完美。没有缺点的动作是不存在的。"

听到母亲的话，迪奥真切地认识到自己的错误，它不再将自己的心思放在改变自己的缺点上面，而是努力地去发挥自己的优点。两年后，迪奥便成为草原上最优秀的狮子。

任何一个人都不是十全十美的，也不可能做到哪个方面都比别人强。实际上，只有一方面特别优秀就十分了不起了，若要全面追求第一，追求完美，最终的结果可能连一个第一都拿不到。

哲人说："不求尽如人意，但求无愧我心。"要知道，在这个世界上，十全十美的东西是不存在的，追求完美只是一种憧憬、一个向往，只是生活的一个过程和体验而已，只要做到问心无愧就是一种完美了。

"金无足赤，人无完人"是一条亘古不变的真理。人生总会有不尽如人意的事情，出现了缺憾，我们需要保持一颗平常心，对于各种得失、缺憾和成败都泰然视之。如此才会发现缺憾就如那断臂的维纳斯一样，也是很美的，这样也就不会为了空中楼阁的完美而耗费自己的心血。

在缺憾中也能收获圆满

生活中，当我们看到别人难过时，总会这样安慰对方："人生是没有圆满的。每个人都不能得到一切，每个人都不会是最幸福的人……"然而，谁说人生没有圆满的呢？很多时候，缺憾带给人的本身也是一种圆满。

有一个国王，他共有七个女儿，这七个美丽的公主都是国王的掌上明珠。他们都有一头乌黑美丽的长发，所以，国王就送给她们每个人 10 个一模一样漂亮的发卡。

有一天早上，大公主醒来后，一如既往地用发卡整理她的秀发，却发现自己的发卡丢了一个，她四处寻找后也没有找到。于是，她就偷偷地跑到二公主的房间里，拿走了一个发卡。

二公主起床后也随即发现自己的发卡少了一个，也是因为没找到便跑到三公主的房间中拿走了一个发卡；同样地，三公主发现自己少了一个发卡，也偷偷地将四公主的一个发卡拿走；四公主则拿走了五公主的发卡；五公主一样也如法炮制地拿走了六公主的发卡；六公主则只好拿走了七公主的一个发卡。这样，七公主的 10 个发卡便只剩下了 9 个。

事隔一天，附近邻国的一位十分英俊的王子忽然来拜见国王，在闲聊中就对国王说："我养的白鹏鸟昨天叼回了一个十分美丽的发卡，我看了一下，想这一定是宫中哪位公主的。而这也是一种极为奇妙的缘分，但是也不晓得是哪位公主掉的发卡？"

国王看到发卡确定了是公主们的，便将七个公主叫来。七个公主听到了这件事，都在心里想：这是我掉的，这是我掉的。但是自己的头上明明别着完整的 10 个发卡，所以内心都极为懊恼自己的做法，却又不能说出来。只有七公主走出来说："我掉了一只发卡，这两天都找遍了，却没有将它找出来。"

话刚说完，七公主因为少了一个发卡，漂亮的长发都散落了下来。王子不由得看呆了，就决定娶七公主，两人从此过上了幸福、快乐的日子。

世界上，每个人都想得到太多，谁都渴望拥有很多。但是，现实给予我们的却十分有限。在很多时候人并非要全部拥有而幸福，相反却会因为失去而美丽，我们为何一发现有遗憾就去苛求完美呢？10 个发卡，就像完美圆满的人生，少了一个发卡，这个圆满就有了缺憾；但是正是因为缺憾，未来就出现了无限的转机，最终获得了圆满的幸福和快乐，这何尝不是一件高兴的事？

生活中的很多事情就是如此：只有品味到分离的相思之苦，才能领略到相聚后的幸福甜蜜；只有经历过被出卖的遗憾，才能体会到忠诚的可贵；只有品尝过失败的痛苦滋味，才能体会到成功的喜悦；只有遭遇过病魔的折磨，才能体会到健康对一个人的重要。在纷纷扰扰的世间，能够拥有幸福甜蜜，能够体会到忠诚，能够成功，能够健康地生活，不正是一种圆满吗？

真正圆满的人生，不是说你必须要拥有许多，而是你要学会付出和珍惜。在很多时候，放下就是一种快乐，能够承受起失去，就能体会到一种别样的圆满。只要你内心无挂碍，只要以一颗纯美的灵魂对待生活中的得失、缺憾，你就能收获一份圆满。

人的心灵就是一本奇特的账，它不计收入，也没有任何支出。我们所经历的一切痛苦与快乐，最终都会化作最宝贵的对生命的深刻体验将之纳入人生这个大容器之中。有了它，人就仿佛有了两个自我，一个自我走出来去奋斗、去拼搏，也许凯旋，也许败归；而另一个自我则在内心始终都含着宁静的微笑，将遍体的汗水与血迹带回家中，将丰厚的战利品给它们看，连败归者也能得到一份这样的礼物。能够这样去看待得失，这个世界对你来说，还有什么是不圆满的呢？

月亮有圆有缺，但正是因为此，它才留住了美丽，所以它是圆满的。当你了解了爱情中的得与失，那也是圆满的。你爱的那个人尽管不完美，也许是有很多的缺点，但是静下心来想想自己，又何尝不是有缺憾的，所以，你们的关系也是圆满的。

任何事情存在即有一定的道理，都有它的圆满之处。只要你以一颗平静的心去对待缺憾，便能体会到圆满。这种圆满则是超脱了现实的束缚，是个人心灵上的一种追求，也是一种对自己和他人的宽容和大度。

过于执着等于失去

我们在前进的道路上，选定了自己的目标后，不懈地坚持下去是一种执着的精神，这种精神对于实现自己的目标是必不可少的。但是，有时候，过于执着却未必是好事情。比如你在执行目标的过程中，发现目标不符合实际。这时候，如果你还刻意地执着地要坚持，就变为一种偏执了。面对这样的情况，与其在那里苦苦挣扎，蹉跎岁月，还不如及早放下，否则，只会让自己体会到更多的痛苦和失落。

有一家公司需要招聘一名业务代表，通过层层选拔进入决赛的只有乔丽和贝拉两名应聘者，为了从中再找出一位最适合这份职业的员工，公司决定在不同时间段分别通知她们前来面试。

第二天，乔丽被公司通知前来进行最后一次的考核，乔丽在面试的时候十分稳重，各种问题都对答如流，就在这个时候负责面试的考官忽然递给她一把钥匙，随手指了一间小屋让她去那里拿只茶杯来。

乔丽过去开那间小屋的门，但她无论怎么开就是打不开，但是，她不相信自己就真的打不开了，就开始慢慢地拧，鼓捣了很长时间还是打不开。可是，她知道这是主考官给自己的最后一道难题，如果连这扇小小的门都打不开的话怎么去打开别人的心灵，于是她就一个劲儿地往里面拧，可是最后不仅门没打开钥匙也被她拧断在锁孔里。

难以置信，明明是这扇门的钥匙为什么就是打不开呢？于是，乔丽就问主考官道："请问，是这把钥匙吗？"主考官抬头看了一下乔丽答道："是，打开屋子，取出茶杯就行。"乔丽很为难地说："门打不开，我也不渴……"

主考官打断了她的话："那好吧，你可以回去等通知了。"

第三天公司又通知贝拉来面试，尽管她的问题回答得不算十分流畅，但是主考官还是同样给了她一把钥匙让她去取来一只茶杯，贝拉同样也是打不开门，但是她却看见另一间屋里有一只茶杯，她就想着："主考官并没有告诉我钥匙就是这间屋的，既然是打开有茶杯那间屋的钥匙，那么应是隔壁这一间吧！"于是她抱着试试看的心态，竟然真的打开了那间小屋，取出了茶杯。

主考官很高兴，拿出贝拉取来的茶杯为她倒了一杯水，并对她说："喝杯水，然后签个协议，祝贺你，你被录用了。"

乔丽因为心中总是放不下那份执着，一直认为主考官指定的就是那间屋子，结果怎么弄都打不开屋门，而贝拉却没有这样认为，只是选择放下这扇打不开的屋门去试试另一间屋门，结果她用同样的一把钥匙打开了另一间屋门，取出了茶杯。

人太过执着就会变得盲目，做人要懂得变通，才能更加正确地进行选择，明明知道这扇门打不开，就不必为这扇门而苦苦追寻了，为何不放下自己的那份执着去寻找另一扇出口呢？

过于执着就是病态，就是愚蠢，过于执着的人顽固、偏激，冥顽不灵，不懂得变通。其实，人生有许多无谓的错过，就是因为固执地坚持了不该坚持的。

在大西洋中有一种鱼，长得极为漂亮，银肤燕尾大眼睛。因为平时都生活在深海之中，所以不易被人捉到。但是它们会在春夏之交逆流产卵，会顺着海潮漂流到浅海。这时候，它们极易被渔民捕到。捕捉它们的方法很简单：用一个孔目粗疏的竹帘，下端系上铁，放入水中，由两个小艇托着。

这种鱼的"个性"极为要强，不爱转弯，即便是闯入罗网之中也不会停止向前游。所以，一只只便会"前赴后继"地陷入竹帘孔中，帘孔随之也会紧缩。竹帘缩得愈紧，就愈激怒它们，它们会更加拼命地往前冲。结果却被牢牢地卡死，最终成群结队地被渔民所捕获。

我们人类又何尝不是如此，总是喜欢给自己加上负荷，不肯轻易放下，自诩为"执着"，最终却白白浪费了过多的时间与精力。我们执着于名与利，执着于幻想的美，执着于一份痛苦的爱，执着于不切实际的空想……等到数年光阴逝去之后，才会哀伤地去嗟叹人生的无为与空虚。

我们常常会这样自勉："我一定要成为某方面的专家"，"我一定要在一个领域内做出最大的成就"……但是很多时候，这些不切实际的理想与追求只会成为我们的一种负担，会羁绊我们实现那些切合实际的理想。

人生苦短，韶华易逝。执着于一个目标，一个信念那是大勇，但是，如果目标不合适，或客观条件不允许，与其蹉跎岁月，徒劳无功，还不如干脆放下。放下那宏大的美丽的空想，选择那些触手可及的目标时，或许人生的局面就会在瞬间柳暗花明，实实在在的幸福正等在你的身旁。

苛求环境不如改变自己

俄国伟大的文学家托尔斯泰说："世界上只有两种人：一种是观望者，一种是行动者。"前一种人总是抱怨自己周围的环境有多么不尽如人意，阻碍了自己的发展。工作丢了，怪领导没眼光；人情冷漠怪同事不友善；住房不好，交通不便，行业前景不佳……都将这些责任一股脑儿推给社会，总是苛求客观因素；而自己像没事人似的，主观上不作为。随着岁月的流逝，年龄的增长，终于发现自己一事无成。而后一种人，从来不埋怨现实的残酷，只是用自身的行动去努力地适应环境，在前进的道路上不畏艰险，最终做出成绩来。

生活中难免有不如意之事，若你想抱怨，生活中的一切都会成为你抱怨的对象。而环境不会因你的抱怨马上就变化，所以当事实摆在面前的时候，你不应该一味地去抱怨，而要靠自己的努力来适应现状，并用行动去改变现状。这样才能祛除内心的不满。

很久以前，在非洲的一个国家，人们都是不穿鞋，赤着脚走路的。

有一位国君到某个偏僻的乡间旅行，因为路面崎岖不平，有很多碎石头，刺得他的脚又痛又麻。国君回到王宫后，随即下了一道命令，要将国内的所有道路都铺上一层牛皮。他也认为这是一件利国利民的好事，不只是为了自己，还可造福他的子民，这样人走路时就不再受刺痛之苦了。

可是国土辽阔，就算是杀光全国的牛，也筹措不到足够的皮革，而所花费的金钱、动用的人力，更是不计其数。人们尽管知道这个事情不但难以做到，而且还相当愚蠢，可谁也不敢违抗国君的命令，人们也只能摇头叹息。

后来，有一位聪明的仆人大胆向国君提出谏言："国君啊！为什么您要劳师动众，牺牲那么多头牛，花费那么多金钱呢？您何不用两小片牛皮包住您的脚呀？"国君听了非常高兴，当下领悟，于是立刻收回成命，采纳了这个建议。这就是"皮鞋"的由来。

也许我们不能改变世界，但是我们可以改变自己。如果你现在生活的环境让你感到不适应，不要抱怨，而是要首先改变自己，用爱心和智慧来面对这一切，要努力适应环境，而不是让环境适应你。

每个人都可以选择自己生存的环境，你可以选择屈服，也可以使自己变得更加坚强。反过来说，你也可以选择改变环境，让环境因你而改变。改变环境还是改变自己？这一切的结果只在于你是怎样想的。

一个刚踏入社会的年轻人，经常向周围的人抱怨他的生活，总觉得事事都太艰难。

于是，他就去请教一位智者说："我认为自己快崩溃了，不知道该如何应付生活，对一切都很迷茫，觉得生活和学习的压力已经超过了自己所能承受的极限了。"

智者笑而不语，将他带进厨房中，分别往两口锅里倒了一些水，然后将它们放在旺火上烧。过了一会儿，锅里的水烧开了。他往一口锅里放了一个胡萝卜，另一口锅里放入了一个鸡蛋。然后又分别盖上锅盖开始煮。年轻人不明白智者的意思，心中很是纳闷。

大约过了15分钟后，智者将火全部关了，把胡萝卜、鸡蛋捞出来放在一个盘子里。做完这些后，他才转过身问年轻人："你看见了什么？"

"胡萝卜、鸡蛋。"年轻人这样回答。

智者让年轻人用手摸摸它们，年轻人就试着做了。

智者接着说："胡萝卜在入锅之前是毫不示弱的，它非常结实，但被开水煮过后，它却变软了，变弱了；鸡蛋原本易碎，它薄薄的外壳保护着它的蛋液，但是经开水一煮，蛋液变成了固体，变得更坚强了。"

生活如海上行舟，并不能总是一帆风顺的，每个人都会遇到这样或那样的困境。在困境面前，每个人都有权决定自己的态度和前途，假如你学胡萝卜那么你将会被自己所处的环境打败；假如你学鸡蛋那么你也会因环境而变得坚强。处于什么样的环境并不重要，重要的是你的选择：是选择一味抱怨，软弱地屈服于环境，还是用毅力去适应环境，使自己变得更为强大。

最后，让我们永远记住在威斯敏斯特教堂地下室，英国圣公会主教的墓碑上写着的这样一段话：

当我年轻自由的时候，我的想象力没有任何局限，我梦想改变这个世界。

当我渐渐成熟明智的时候，我发现这个世界是不可能改变的，于是我将眼光放得短浅了一些，那就只改变我的国家吧！

但是我的国家似乎也是我无法改变的。

当我到了迟暮之年，抱着最后一丝努力的希望，我决定只改变我的家庭、我亲近的人——但是，唉！他们根本不接受改变。

现在临终之际，我才突然意识到：如果起初我只改变自己，接着我就可以依次改变我的家人。然后，在他们的激发和鼓励下，我也许就能改变我的国家。再接下来，谁又知道呢，也许我连整个世界都可以改变。

漫漫人生，人需要不断地去适应环境。如果不能改变环境，就改变自己。只有这样，才能克服更多的困难，战胜更多的挫折，实现自己。如果你不能看到自己的缺点与不足，只是一味地去苛求周围的环境，或将改变境遇的希望寄托在改换环境方面，实在是劳心劳神，而又徒劳无益。

随性生活，不必苛求

生活中，并非每个人都是幸运的，也并非每个意愿都能得到满足，得到了这样的还想要那样的，无穷无尽。要知道外表再好不过是皮肉而已，老了还是长满皱纹；财富再多不过是身外之物，死了还是空有躯壳，心灵磨灭了，就什么都不存在了。所以，我们要爱护自己的内心世界，不要因为苛求得到太多而故意去折磨自己的心灵。

有一只小猫，不停地绕着自己的尾巴转圈，筋疲力尽地躺在地上喘气。

一只大猫走过，询问它发生了什么事，小猫说："主人告诉我，假若我可以追到自己的尾巴，我便能永远得到幸福和快乐，所以我才不停地追逐自己的尾巴，以致筋疲力尽。"

大猫叹了一口气说："我在年轻的时候，也听主人说过同样的话，所以，当初我也与你一样为了追到自己的尾巴把自己搞得筋疲力尽，却从来没有真正感到快乐和幸福，后来我放弃了。当我随性生活的时候，才发觉幸福和快乐原来就在后面跟随着我！"

幸福和快乐不是刻意去追求才能得到的，它其实就在我们的周围，在我们的内心深处，只有随性而为，便能够感受得到。

随性而为是顺从于心灵的一种简单的自由的生活，就像小草自然地发芽、生长一样；就像小鸟在天空中自由地飞翔一样，不用受世俗的任何束缚和约束。不必为了得到别人的赞美而去故意做作，不必为了满足内心的物欲而给自己的心灵套上枷锁，不必为了显示自己的威严而在孩子面前故作严肃、深沉……它是一种完全根据本我的需求去支配自己行为的一种生活方式。

有一天，小强与爸爸到后院中玩耍，发现后院有草地一片枯黄。小强就对爸爸说："爸爸快撒些草籽上去吧，这草地太难看了。"

"不着急，什么时候有空了，我就去买一些，草籽什么时候都能撒。"爸爸答道。

冬天过去后，爸爸把草籽买了回来，交给小强说："去吧，把草籽撒在地上。"起风了，那些草籽被风吹得满地都是，小强很是着急："不好，许多草籽都被吹走了！"

爸爸说："没关系，吹走的多半是空的，撒下了也发不了芽，担什么心呢？随性！"

就在这时候，一群小鸟飞来了，又把刚刚撒在地上的草籽吃了，小强惊慌地跟爸爸说："不好了，草籽都被小鸟吃了！"

爸爸又说："没关系，草籽多，小鸟是吃不完的，你就放心吧，过不了多久，这里一定有小草！"

　　小强因爸爸的回答很不开心，晚上睡在床上想，那些草能不能活下去呢？一会儿，又听到外面响起了雷声，一会儿就下起了大雨，他的内心更急了，暗暗担心自己种了一天的草籽到最后什么也没有了。

　　第二天早上他来到院子里一看，果然地上没有一颗草籽了，他连忙冲进爸爸的房里："爸爸，昨晚下了一场大雨把地上的草籽都冲走了，怎么办啊？"

　　爸爸不慌不忙地说："不用着急，草籽被冲到哪里就在哪里发芽。随缘吧！"

　　不久，许多青翠的草苗果然破土而出，原来没有撒到的一些角落里居然也长出了许多青翠的小草。

　　小强高兴地对爸爸说："太好了，我种的草长出来了！"

　　爸爸点点头说："随喜！"

　　小草有小草的生命规则，只要有水有土的地方就能发芽，只要你撒下了草籽就不必担心小草不能发芽，我们的生活也要随性而为，不必刻意强求，如果你过于担心，只会影响你的生活与工作。任何事情都有其规律，与其百般思量，不如随性而为，这样才更容易让我们感受到生活的乐趣与意义。

　　下岗了不必烦恼，再找一条出路，这说不定就可以让你结束打工生涯，走上创业之路；有病了不要伤心，如果乐观相对，心情好了，病痛自然也就减轻；没有钱是吧，有双手吧，有大脑吧，有这两样东西，你还怕什么？烦恼只会让你更添情愁，伤心只会让你更加劳累，害怕只会让你走入地狱。

　　随性生活是一种坦然的生活，是一种乐观的生活。在物欲繁杂的现代社会中，它更重要体现的是一种心境，一种精神，一种对生活的态度，一种至高的生存追求。随性生活，才能使我们放宽心胸，才能欣赏到生命真正精彩的部分，才能活出真色彩。

上天既然给了我们生命，我们就应该活出它的价值，而随性生活，就是顺着自己的心意去探寻生命的轨迹，不必去计较一时的得失，不必去在意那些身外之物，这样才能让自己切实地活出真正的自我，才能体现出自我真正的价值。

简单的生活最精彩

著名作家刘心武说："在色彩斑斓的现代生活中，我们一定要记住一个真理，那就是活得简单才能获得心灵的自由。"确实，简单是一种美，是一种朴实且散发着灵魂香味的美。

在生活中，我们时常会叹息生活太沉重，累得我们疲惫不堪，几乎要迷失方向。有时候还会禁不住地问自己：是自己缺少真正的热情与精力去承受生活，还是生活本身就是如此沉重呢？

一个年轻人觉得生活很沉重，便问智者："生活为何如此沉重？"

智者听罢，随即给他一个篓子，让他背在肩上并指着前面一条沙砾路说："你每走一步就捡一块石头将之放进去，最后体会一下有什么感觉。"

年轻人就背上篓子，一路不停地拾捡，走到路头，他就回过头来对智者说："越来越沉重了！"

智者说："这也就是你为什么感觉生活越来越沉重的原因。每个人来到这个世界上时，都会背着一个空篓子，然而我们每走一步都要从这世界上捡一样东西放进去，所有才有了越来越累的感觉。"

是的，生活原本是轻松的，我们并不缺少真正的热情与精力去承受生活，而是我们的生活太过于复杂。我们的周围到处都充斥金钱、功名、利益的角逐，处处都充斥着许多新奇和时髦的事物……被这样复杂的生活所牵扯，我们能不疲惫吗？

"简单点儿，再简单点儿！奢侈与舒适的生活，实际上妨碍了人类的进步。"这是梭罗的一句感人至深的名言。梭罗同时也发现，当他在生活上的需要简化到最低限度时，生活反而会更加充实，因为他无须为了满足那些不必要的欲望而分散自己的心神。

的确如此。简单的生活，真的是最充实、最精彩的。生活在灯红酒绿、推杯换盏、斤斤计较、欲望和诱惑之外，不用挖空心思去依附权势，不必去贪图金钱，用不着留意别人看你的眼神，没有锁链的心灵，快乐而自由，随心所欲，该哭就哭，想笑就笑，简简单单地存在着，何尝不是一种惬意呢？

海边一间破陋的房屋里，住着一位老太太和她的老伴，家里只有一个盛鱼的大木盆。他们的日子虽然过得很清贫，但非常有意义。每天老头子都会到海里去打些鱼回来，等他们吃过饭后，老头子就会陪她看星星，拉拉家常，平静中有一种和谐的美。然而，这种和谐在不久之后，被一件事给打破了。

有一天，老头子又外出打鱼，打到了一只会说话的小鱼，小鱼为了活命，就答应他帮他实现三个愿望。老头子感到困惑，就把此事告诉了老太太，老太太却十分高兴。

老太太在欲望中沉沦了，她开始苦苦思索，想了好久都想不出自己要什么。后来，她就将自己孤立起来，在孤独中开始追寻，她不知道自己在追寻什么，但是她却不能自拔了，在空想中越想越上瘾，她想完了豪宅，又想金屋，想完了金屋想当女王，想完了女王就又想着要去做那些小鱼的掌管者，最终由于太过劳累而死去了。

临终前也没能想出来，自己想要的究竟是什么！

由此可见，简单的生活能够使人珍视人与人之间的情感，能够体验到生活中真正的幸福、快乐和轻松；而富足奢华的生活带给人的只有劳累与疲惫。所以说，简单的生活更能让人认识到生命的真谛所在。

简单生活不是忙碌的生活，也不是贫乏的生活，它只是一种不让自己迷失的方法，你可以因此抛弃那些纷繁而无意义的生活，全身心投入你的生活，体验生活的真谛。

既然简单的生活如此精彩，如此能体现生命的价值，那么，生活在现代社会中的我们应如何才能让自己的生活变得更为简单呢？

要想活得简单，首先要做的事情就是知道什么才是自己真正想要的。你可以在你手边备一张便条纸、一支笔，将自己想要的东西、想完成的事情列出一个清单来。当达到其中一项目标时，就能产生一种强烈的成就感与满足感；如果条件限制，暂时做不到，那么只要将它继续留在清单上就好了。过一段时间，我们可能就会惊奇地发现有的愿望自己居然实现了。

其次，要想过一种简单的生活，就要做到心存简单，不要让心灵背上太多的欲望包袱，不要与其他人进行攀比，不要终日惶惶不安地迷失在自己制造的种种需求中，在物欲的罗网里苦苦挣扎；内心简单了，欲望和追求自然也就会少了。

要想过一种简单的生活，就要安于淡泊并远离各种名利和物欲的困扰。不要让内心太多的虚荣不停地抽击生活的陀螺，不要让太多的名利思想去遮住心头灿烂的阳光。

要想过简单的生活还要以积极的心态去对待生活，热爱生活，不要总以消极的眼光去看待生活。要有目的地去生活，保证有充分的时间去做自己想做的事情，尽力不要让时光在繁乱的事情中流走。简单的生活是将生活和现实（有限的收入、时间和精力）与自身的价值相结合，并将它们应用到一种舒适、有效的生活方式之中……

总之，简单的生活也是一种有艺术的生活，只要你肯听从你的内心，就能让自己活得简单，不被生活的琐事所缠，这样的生活也是最为精彩的生活！

闲适恬淡，静享此刻

在忙乱的生活中，你是否有这样的感觉：忙碌了一天回到家后，内心还是会莫名其妙地陷入一种不安之中？于是，开始反思：为何不安呢？但想了许久，都找不出确切的答案。这主要是因为我们总是苛求自己不停地忙碌，以至于使忙碌深深地同化到我们的心灵深处了。

一位专栏作家曾这样描述过一个普通上班族的一天：

早上7点钟，闹铃声响起。然后开始起床忙碌：洗漱，穿职业套装。然后开始吃早餐，随后随手抓起水杯和工作包，急急忙忙地跳进汽车，接受每天被称为上班高峰时间的煎熬。

从上午9点到下午5点工作，工作中忙忙碌碌，极力掩饰错误，微笑着接受来自各方面的工作压力。当"重组"或"裁员"的斧头落在别人头上时，自己长长地松了一口气。然后再扛起额外增加的工作，不断地看表，并不断地与内心的良知作斗争，行动上却和老板保持一致，脸上时刻要挂满假意的微笑。

下午5点后，坐进车里，行驶在回家的高速公路上。开始与家人或好友相处。吃饭，聊天，看电视。

晚上10点钟开始睡觉，以防明天因迟到被罚当月奖金。

上述所描写的这种机械、无趣的生活离我们其实并不遥远，很多人都与上述这位上班族一样，每天都在大脑一片空白中忙碌着，置身于一件件做不完的琐事与想不到尽头的杂念中，整天都在忙忙碌碌，丝毫体验不到生活的任何乐趣。

就这样，我们每天都在重复着这样忙碌的生活，苛求自己将内心的弦绷得紧紧的，生怕一停下来就被社会所淘汰。然而，麻木与紧张并非生活的本质，面对这样的生活，我们就要抛开一切，放开内心绷紧的弦，让自己清闲下来，这样，你就会重新找到生活的意义和乐趣。

我们的人生就像是在演戏剧一样，很滑稽，我们往往不断追逐某些东西，为此永远不知疲惫，但是往往会在最后发现，在自己匆忙赶路寻找风景的时候，却忘记了感受此刻沿途最美的风景。罗丹说："不懂得享受当下的生活是我们最大的悲哀。"生活中的此时此地总是被我们忽略，我们在无意中就预支了"此刻的生活"。为此，我们根本感受不到我们生活的真正乐趣。所以，在生活或工作中，我们无须去苦苦苛求自己，要不时地停下来欣赏一下当下生活的美妙。

　　一个牧师在布道词里讲了这样一个故事：

　　上帝给我分派了一个任务，让我牵一只蜗牛出去散步。于是，我就照做了。在途中，我尽管走得很慢，蜗牛尽管已经在尽力地爬，可每次总是只能挪动那一点点距离。于是，我开始不停地催促它、吓唬它，责备它。蜗牛也只是用抱歉的眼光看着我，仿佛说自己已经尽力了。我恼怒了，就不停地拉它、扯它，甚至想踢它，蜗牛也只是受着伤，喘着气，卖力地往前爬。

　　我想：真是太奇怪了，为什么上帝要我牵一只蜗牛去散步呢？于是，我开始仰天望着上帝，天上一片安静。我想，反正上帝都不管它了，我还管它干什么，任由蜗牛慢慢往前爬吧，我想丢下它，独自往前赶路。我就放慢了脚步，想将它放下，静下心来……咦？忽然闻到了花香，原来这边有个花园，我感到微风吹来，原来此刻的风如此温柔……而我以前怎么都没有体会到呢？

　　我这才想起来，莫非是我想错了，原来是上帝叫蜗牛牵我来散步的……

　　是的，我们已经在自己的过分苛求下，习惯了忙碌的生活，这样无论如何也感受不到路途中美丽的风景。如果我们能够放下苛求，让此刻的自己放松下来，就可能体会到生命的真谛。如何使自己停下来呢？

　　你可以这样去做：从每天抽出一小时，什么也不做。当然前提是，你一定要找一个清静的地方，否则如果遇到了熟人，你一定不可避免地会像往常那样与对方漫无边际地聊起来。也许刚开始的时候，你会觉得心慌意乱，因为还有那么多事情等着你去干，你会想如果是工作的话，早就把明天的计划拟订好了，这样干坐着，分明就是在浪费时间。但是，你必须要将这些念头从你的大脑中赶走，坚持下去，渐渐地你就会发现，整个人都轻松多了。你会体会到这一个小时的时间是如此地惬意，然后做起工作来，不会再像以前那么手忙脚乱了，你可以很从容地去处理各种事务，不再有逼迫感。当然，你可以慢慢地逐渐地延长空闲的时间，每天两个小时，三个小时。一旦养成了习惯，你的生活将得到很大改善，你就会从那种时刻都紧张的情绪中解脱出来，使头脑得到彻底的净化。

随遇而安，充分享受人生

平淡的生活，幸福和快乐是无处不在的。不管是狂风暴雨，还是艳阳高照，都是可以成为生活中最美丽的景致的，也都是值得我们好好地仔细去品味的。但是，如果你总是担心会被大雨淋湿，害怕艳阳会晒黑了皮肤，那么你就自然很难享受到生活的真正乐趣。

乔伊丝夫妇一直都渴望有个可爱的孩子，而且他们老早就给孩子起了名字——夏洛特。但是，他们这个心愿却在10年后才得以实现。

夏洛特是他们的宝贝，乔伊丝夫妇想尽办法地去教导儿子，连他走路的方法都会清清楚楚地告诉他："我的好孩子，走路时一定要记得看着地上呀！防止滑倒。"为此，夏洛特从小就在父母的叮咛中成长。乖巧的夏洛特也相当遵从父母的教导，只要走路，必定会紧盯着脚下的路。

有一天，乔伊丝一家人高高兴兴地到山外郊游，爸爸就开始教导儿子说："在山路上行走时，还是一定要紧看着地上呀，否则，你有可能会不小心摔倒而掉到山谷中，知道吗？"

夏洛特听话地点了点头，说："我会的，爸爸！"

慢慢地，夏洛特也长大了。有一天，他准备到海边游玩，妈妈则连声叮嘱他道："儿子呀！当你走到沙滩上时，也一定要千万小心，双眼一定要盯着脚下，因为海浪随时会出现，以防它们将你卷入海里。"

不幸的是，乔伊丝夫妇后来在一次意外中离开了人世，离开了夏洛特。可怜的夏洛特因为从小就听惯了父母的引导与叮咛，如今也只能在父母过去的叮咛中，继续自己的生活。

夏洛特认真执行父母的叮嘱，在地板上，在山间，在海滩上，他眼睛都会紧盯脚下的路。从来不注意自己周围美丽的环境。他不知道流水声是从哪里来的，不知道浪潮声是从哪里来的。因为不论走到哪里，"听话"的夏洛特总是低着头不停地往前走。

夏洛特就这样从来没有跌倒过，也没有滑倒或碰伤过，一生几乎都毫发无损地"低着头"走完了。

但是，在他临死之前，他仍旧不知道，天空原来是蓝色的，天上不仅有着美丽的云彩，还有极为耀眼迷人的星星。此外，他更不知道自己所走过的每一个地方，风光有多么美丽……

生活中有太多的美丽，只是我们内心的犹豫和顾虑太多，所以错失了许多美丽的景致。就如夏洛特的父母一样，因为太过害怕危险、担心受伤，让儿子无法真正地享受美丽的人生。

生活的最大乐趣，就是能够多经历一些失败的痛苦与成功的喜悦，这才是生命原本的意义，也是我们活着的重要目的。而要想充分地享受到人生的乐趣，就要学会"随遇而安"。

有一次，玛特从偏远的农村搭车回城，车到中途，突然抛锚。那时正值夏季，午后的天气，闷热难耐。

在烈日炎炎的公路上停滞不前，着实让人着急。但是，玛特一看当时的情境，就知道自己再着急也没有用，无论如何都要慢慢地等到车子修好才可以继续向前。

于是，他下车来询问司机，才知道车子修好要用三四个小时。于是，他就独自步行到附近的一条河边游泳去了。

河边清静凉爽，风景宜人，在河中畅游之后，玛特感到浑身的暑气全消。等他愉快地游泳回来后，车子已经修好了。他就搭上车趁着黄昏的晚风，直向城中驶进。

之后，他逢人便说："那是平生最为愉快的一次旅行！"

随遇而安的妙处由此可见一斑。假如是别人，在那种情形之下，可能会顶着烈日，一边抱怨，一边着急，而那个车子也不会提早一分钟修好，以致那次出行就会变成一次最为痛苦、最为烦恼的旅行。

环境和遭遇总会有不尽如人意的时候，要想过得快乐，关键是你如何去面对这些逆境与不顺，知道人力无法改变的时候，不如去面对现实，随遇而安。与其怨天尤人，徒增苦恼，还不如因势利导，去适应环境，抓住有利的条件，尽自己的力量与智慧去发掘隐藏在生活中的乐趣。就如舒伯特所说，只有那些能安详忍受命运之否泰者，才能够充分地享受到人生的真正快乐。

当我们正处于无可改变的环境中时，只有勇敢地面对，识别掩藏在你身边的幸福，并且从容地去发现崭新的道路，才能好好地拥抱此刻，享受到每一分每一秒的快乐与宁静。